Cultivation

and Utilization

of Wine Bamboo

酒竹的栽培与利用

李伟成　盛海燕　/编著

U0350853

ZHEJIANG UNIVERSITY PRESS

浙江大学出版社

图书在版编目（CIP）数据

酒竹的栽培与利用 / 李伟成，盛海燕编著. — 杭州：
浙江大学出版社，2018.10
ISBN 978-7-308-18687-2

Ⅰ．①酒… Ⅱ．①李… ②盛… Ⅲ．①竹－栽培技术
Ⅳ．①S795

中国版本图书馆CIP数据核字(2018)第228108号

酒竹的栽培与利用

李伟成　盛海燕　编著

责任编辑	季　峥（really@zju.edu.cn）
责任校对	董晓燕
封面设计	春天书装
出版发行	浙江大学出版社
	（杭州市天目山路148号　邮政编码310007）
	（网址：http://www.zjupress.com）
排　版	杭州兴邦电子印务有限公司
印　刷	浙江省邮电印刷股份有限公司
开　本	710mm×1000mm　1/16
印　张	12.75
字　数	220千
版 印 次	2018年10月第1版　2018年10月第1次印刷
书　号	ISBN 978-7-308-18687-2
定　价	99.00元

前 言 QIANYAN

全球竹亚科（Bambusoideae）植物有80多属近2000种，中国有43属700多种。中国地处世界竹子分布中心，竹类植物资源十分丰富，种类、面积、立竹量和采伐量均居世界之首，竹林面积约$6.0 \times 10^6 hm^2$，其中多数为人工纯林。竹类植物具有生长快、伐期短、再生能力强、产量高、纤维长、一次造林成功即可持续经营利用等特点。

由于大型单轴型散生竹种——毛竹（*Phyllostachys edulis*）从20世纪70年代开始在中国被大力推广，其面积约$4.0 \times 10^6 hm^2$，占中国竹林总面积的2/3，在中国竹产业和竹林生态系统中占主导地位，因此，中国学者研究最多的是毛竹。然而现有毛竹林多数为低产林，面临着林地衰退、经济下滑、劳动力不足、农资成本不断上升等问题。此外，由于毛竹林是一个典型的开放生态系统，虽然毛竹林林冠对降水可进行再分配，枯落物层可涵养水源，地下鞭根系统可固土并恢复土壤肥力，能在短时间内使土壤中的碳、磷、氮含量上升等，但是毛竹林生态系统对人为和自然干扰极为敏感，在结构、功能上有一定的缺陷。

除了毛竹，国内学者的研究对象还包括笋材两用兼顾观赏的竹种［如散生竹类刚竹属（*Phyllostachys*）部分竹种和箣竹属（*Bambusa*）等少数竹种］、笋材两用的丛生竹种［如牡竹属（*Dendrocalamus*）和绿竹属（*Dendrocalamopsis*）等竹种］、观赏竹种［如大明竹属（*Pleioblastus*）、赤竹属（*Sasa*）、倭竹属（*Shibataea*）和箬竹属（*Indocalamus*）等地被竹种］。中国在竹资源利用方面已取得了长足的进步和发展，亦获得了丰厚的成果，许多成果在全国乃至全球都有示范作用。但我们必须认识到，中国的竹类基础性研究涉及竹种仍比较单一，特别是丛生竹类的基础性研究还比较薄弱，制约了中国丛生竹林的集约化经营和竹产业可持续发展战略的实施。

全球丛生竹有40余属，占全球竹种总数的70%以上，主要分布于东南亚、南亚、拉美热带地区、非洲中南部及太平洋上的一些岛国，分布范围广泛。我国合轴型丛生竹约有16属160余种，面积约$8.0 \times 10^5 hm^2$。大型丛生竹类植物符合全球生物质能源发展战略的要求：非粮食原料，房前屋后、零星散地都可栽培，不会出现"与粮争地"的现象，其根鞭系统与散生竹不同，不会导致生态入侵而使邻域生态遭受重大影响，是建筑材料、纤维生产、健康食品、医药、固碳和能源化利用的最佳选择。大型丛生竹的研究主要集中于中国、印度和东南亚一些国家。近年来，随着"以竹代木"理念的发展，竹类植物在笋用、纸浆用方面的利用量加大，丛生竹主产区（如云南等）大力推广丛生竹的栽培应用，预计中国丛生竹林面积还将快速增长。然而在竹类植物的驯化引种、种质保存、定向培育和工业化利用领域，缺乏必要的科技支撑和技术示范推广，经营效益低下，亟须充分利用更多的竹种资源，向散生、丛生和混生竹的多元化多层次利用模式转变，故提升和总结适用于大型丛生竹多元应用的引种驯化和栽培经营技术体系十分急迫。

我有幸参加了国家林业局"948"项目——"甜竹、酒竹等特用竹种引进"和后续相关项目的研究，从非洲坦桑尼亚成功引进了一种独特的竹种——酒竹（ *Oxytenanthera abyssinica* ）。该竹种的天然伤流液具多种微量元素，经过自然发酵后具有一定的酒精度，口感清冽，成为竹类植物资源利用中奇特的亮点。本书即此系列项目阶段性研究成果的总结。在本书即将出版之际，特此感谢为此项研究付出辛勤汗水和做出贡献的同仁、朋友及师长们！由于学识水平与能力有限，书中难免有错误之处，恳请读者不吝赐教！

李伟成

2018年仲夏于杭州

目　录 ＼ MULU

第 1 章

中国竹类植物的
引种与驯化

植物引种驯化是人类社会的一项经济技术活动，中国是最早开展这项工作的国家之一。植物的引种是指把植物转移到自然分布或当前范围以外的地方进行栽培；驯化是指利用植物的变异性和适应性，通过选择使植物适应新的环境，并且能够以原有的方式继续正常繁殖。植物引种和驯化的历史已超过万年，其理论研究大约始于2500年前，可分为古代、近代和现代三个时期。近代引种驯化理论研究的起点以达尔文的生物进化学说作为代表。从20世纪开始，现代引种驯化理论研究进入了一个活跃的阶段。

　　常见的关于植物引种驯化的理论以达尔文的生物进化学说为基础。其认为植物的地理分布具有惯性，它们因适应性而生存繁衍下来，由自然与人工选择产生新的变异性状，在不同条件下可变异而成为新个体。米丘林在达尔文学说的基础上，从有机体与环境条件统一的观点出发，建立了风土驯化学说，提出了风土驯化的两条原则：一、在引种材料方面，利用遗传性状不稳定的幼龄植株实生苗作为风土驯化材料，尤其是在个体发育的最初阶段，即种子阶段，其可塑性最大，在新的环境影响下，最有可能产生新的变异以适应新环境，逐渐改变原来的性状，达到驯化效果。二、从引种方法论而言，主要是采用逐步迁移播种的方法。该方法主要考虑到植株对新环境的适应性有一定限度，当原产地与引种地条件差异太大而超越了幼苗的适应范围时，难以达到预期的驯化效果，此时需要采用逐步迁移的方法，使植株逐渐移向与引种地条件相接近的地区，并最终使植株接近预定的栽培条件。气候相似论和并行植物指示法都是生态学的方法。前者认为引种是否能够成功取决于原产地和引种栽培地气候的相似性，并把北半球划分为6个"引种带"，在这些带之间引种应该没有什么困难，这一理论明确了气候对树木引种驯化的制约作用，对树木引种驯化的实践有一定的指导意义；而后者主要建立在植被类型、群落、种群和个体生态的研究基础上，依据某些植物可代表某一地区的气候条件而将这些植物定义为指示植物，以此来解决植物引种的区划问题，并为这些植物选择最有利的栽培条件。而专属引种法是以植物经典分类学为基础，以植物"属"为单位，尽可能全面地收集该属内的种、变种和变型，通过在同样条件下繁殖、栽培、管理其生长与变异情况，对各类植物生态学及经济性状进行比较，开展种、属发展史研究，以及种间或类型间的杂交育种，从中选育出有价值的优良种。生态分析法则是通过分析植物区系的起源，揭示植物生态历史本质，以此作为确定引种地区和制定栽培技术的依据。

植物引种驯化的概念广泛而重要，深入理解植物引种驯化的内涵、作用及其界限极其关键。现代植物引种驯化是研究外来物种的理论和生产实践：采用外来物种建立、补充与发展可持续经营，以此改善人类生存环境，增加物种资源的生物多样性；通过对新的基因资源库进行合理经营，从而达到产品和环境效益，实现社会经济持续发展。引种与驯化不可分割，前者是地理空间的变化转移，后者是时间的长期累积。引种驯化主要遵循两个原理：遗传学原理和生态学原理。在自然界中，每种植物均分布在一定地理区域的生境中，并在其生态环境中生存和繁衍后代。变异和适应是植物引种驯化的重要基础。引种驯化的遗传学原理就在于植物对环境条件的适应性强弱及其遗传。如果被引种植物的适应性较广，环境条件的变化在植物适应性反应范围之内，为"简单引种"；反之，则为"驯化引种"。引种驯化的生态学原理则要求原产地与引种地之间影响作物生产的主要因素应尽可能相似，以保证作物品种互相引用成功的可能性。引种驯化的主要影响因子包括主导生态因子，如温度（年均气温、最高气温和最低气温等）、光照（纬度由高到低，生长季所需光照由短变长；反之，纬度由低到高，所需光照由长变短）、湿度与水分（引种地区的湿度主要与当地降水量相关，纬度不同或季节不同，降水量不同）、土壤（土壤的pH值和温、湿度决定了物种的分布）、生物因子（植株自身生物学特性、形态特征和解剖结构等，生物之间的寄生、共生以及与其花粉携带者的关系）。

1.1 世界竹类研究

全球竹亚科植物有80多属近2000种，竹林面积$2.5 \times 10^{7} \sim 3.0 \times 10^{7} hm^{2}$，

每年生产竹材$1.5 \times 10^7 \sim 2.0 \times 10^7$t，主要分布在亚洲、非洲、拉丁美洲、大洋洲的热带和亚热带地区、太平洋个别岛屿[1]，约占森林面积的1%。全球共有三大竹区，即亚太竹区、美洲竹区和非洲竹区。其中，亚太竹区是最大的竹区，南至新西兰，北至俄罗斯，东至太平洋诸岛，西至印度西南部，约有50属1000多种，散生、丛生和混生竹皆有；范围涵盖南、北美洲的美洲竹区，南至阿根廷南部，北至美国东部，约有18属270多种竹类植物，除青篱竹属（*Arundinaria*）为散生竹外，其他17属均为丛生型和混生型，多数竹种经济价值低；非洲竹区，南至莫桑比克南部，北至苏丹东部，西至塞内加尔南部，东至马达加斯加岛，从西北到东南横跨非洲热带雨林和常绿落叶混交林，非洲大陆的竹类植物相对较少，其中锐药竹属（*Oxytenanthera*）和青篱竹属有大面积自然分布的天然纯林或混交林的下层，而马达加斯加岛的竹亚科植物约有11属40多种。

竹类植物可作为食物、建筑材料、纤维生产原料以及生物能利用材料等。在许多国家的农林生态系统中，竹类植物也占有重要的地位[2,3]。就目前全球竹类研究而言，第一，需要对竹类资源进行普查，各产竹的发展中国家和地区根据各自的具体条件制定发展、利用竹林的科学规划，进行引种驯化，扩大种植面积。第二，在竹林栽培方面主要研究经济竹种的生物学特性和生态习性，如适合各种微环境下不同用途的优良竹种选育技术、宜林荒山造林和迹地次生竹林改造与培育技术、竹林病虫害防治技术等。第三，在竹林生态效应和应用方面主要研究竹林动植物特性、繁殖和利用，竹林水土涵养和营造防护林等。第四，在竹林利用方面主要研究竹材的机械加工和化学加工技术、竹笋及其他器官的新用途和加工技术、剩余物高附加值产品的加工利用等。第五，利用分子方法培育新品种。第六，进行结构仿生学研究，如仿照竹秆韧性能抵御强风袭击的结构设计城市高楼等[1]。

长久以来，亚、非、拉产竹国家人们的衣、食、住、行等都与竹类植物有密切的联系。全世界每年70%以上的竹材用于农村建筑、农业生产和人民生活领域；不足30%作为现代工业原料。20世纪以来，热带和亚热带森林的上层林木被砍伐后，因竹类植物生长快、繁殖力强，很快恢复成次生竹林。竹类植物用途不断扩大，经济价值较高。随着植竹造林的进行，新的人工竹林不断涌现，1/3的原始竹林被人工竹林取代。次生竹林和人工竹林正在蔓延扩大。虽然世界竹林大多数仍处于荒芜状态，但近年来经营管理水平提高较快，竹材产量显著提高。

1.2 中国早期竹类研究

据历史记载，中国栽培竹类已历经2000多年，是世界上开发利用竹类资源最早的国家。竹类植物与中国历史文化息息相关。公元前4800—前4300年的陕西西安半坡遗址有竹的痕迹。公元前1319—前1046年的河南安阳殷墟出土甲骨文中有"箽""箙""簟"等字样。《诗经》《山海经》和《禹贡》中，记载中国古代竹类植物的分布、特性、用途和利用价值[1]。晋代戴凯之撰写的《竹谱》，记载着南方60余种竹类植物的种类性状及产地，是中国现存的关于竹的一部专著，亦是世界公认的最早的植物谱录学专著[4]。唐代《四时纂要》记录了种植竹类植物的方法：种竹，去梢叶，作稀泥于坑中，下竹栽，以土覆之；杵筑定，勿令脚踏。土厚五寸。竹忌手把，及洗手面脂水浇著，即枯死。北宋高僧赞宁撰写的《笋谱》，即有"日干甚，耐久藏"，"以备蔬食，尤妙者也"的记载，说明90余种笋的栽培、调治、保存等方法，是一部系统的竹笋专著。后魏贾思勰所著的《齐民要术》称每年的农历五月十三日为"醉竹日"，可用马粪和泥糠施肥。在宋代，竹类植物的栽培技术已经比较完善，在民间即有"种竹无时，雨过便移，多留宿土，记取南枝"，防止母竹被风吹倒。《王祯农书》还提出了打头去梢的栽培经验。《月庵种竹法》记载："深阔掘沟，以干马粪和细泥，填高一尺。无马粪，砻糠亦得。夏月稀，冬月稠。然后种竹。"上述古籍中的记载都表明当时竹类植物的栽培技术已达到相当高的水平。元代，专管农业事务的大司农司所编修的农业技术全书《农桑辑要》中亦记有竹的种植技术；李衎编写的《竹谱详录》记载角竹、方竹等300余种竹类植物的品种、形态、生态、产地、用途等，并且附有很多插图，是竹类研究的重要文献。明代，俞贞木辑录的《种树书》和徐光启著《农政全书》都记有竹的栽培经验。清代，汪灏等编著的《广群芳谱》更是对竹的种植、移栽、采伐、施肥等技术做了更加详细的描述，其中的多项技术现在依然被广泛采用。

1.3 中国竹类植物的引种

中国竹类植物主产于秦岭—淮河流域以南地区，北起河南桐柏山的南端和大别山的北坡，南抵海南南端，西自西藏的错那—雅鲁藏布江下游—四川盆地南缘，东迄浙江—福建沿海和台湾西部低山丘陵，相当于北纬18°～38°、东经91°～122°的广泛区域（其中北纬23°～30°、东经104°～122°为主要区域），竹资源自然分布范围极广。大面积的竹林主要分布在中国20多个省（自治区），主要有福建、湖南、江西、浙江、安徽、广东、广西、贵州、湖北、江苏、四川等，其中北纬23°～30°、东经100°～122°的毛竹面积分布大约占全国毛竹面积的2/3以上，尤以江西、福建、湖南、浙江、广东、云南等地面积最大。按气候性和区域性不同，我国有五大竹林区域：一为北方散生竹区域；二为江南混合竹区域；三为西南高山竹区域；四为南方丛生竹区域；五为琼州攀援竹区域[1]。在这些地区，竹林分布在平原、盆地、山地、丘陵、高原等地域带，其土质均呈微酸性，pH值为4.5～7.0；其气候温暖，多雨湿润。20世纪70—80年代，"南竹北移"使中国散生竹区向北延伸至燕山山脉。

中国有竹亚科植物43属707种54变种96变型[5]，其中，原产并已公开发表的有38属685种51变种84变型[5]，约为世界竹种的1/3。因此，中国被公认为"竹子王国"[6]。竹类植物非草非木，由于花与稻稷的花类似，列入禾本科（Gramineae），但又异于禾草类，所以单列竹亚科，而植物学界对于竹类植物的分类地位一直存在着争议。竹类是中国人民最早开发利用的植物资源之一。纵观五千年中华文明史，竹类植物渗入中华民族的物质生活和精神生活的各个领域。以竹为材料制成的生产工具、生活工具、菜肴、药膳、交通工具、书写工具、建筑物、乐器、工艺品、舞蹈道具等器物，种类繁多，琳琅满目；以竹为歌咏、描绘对象的文学、绘画作品，美不胜收，层出不穷；以竹为崇拜物、理想人格象征物的宗教和伦理现象，俯拾即是。

中国竹类植物栽培和利用的历史悠久，在竹类植物引种、驯化和利用的研究上，中国起步较早。据考证，秦、汉时期，不仅长江流域，就连黄河流域的渭河平原南部、中条山南部以及太行山东南麓的渭水流域，都有大面积的竹林存在。相对于竹类植物被利用的历史而言，人类真正对竹类进行系统性的科学研究仅有200多年的历史，从18世纪的欧洲开始，后来在亚洲和美洲竹类植物的研究工作也陆续开展起来[7]。

竹类植物引种驯化的意义巨大。第一，增加新资源物种，丰富种质基因库。大尺度跨区域引入当地没有分布但十分重要的竹类植物，如顺利地展开其驯化工作，就可以增加该地的资源种类。第二，良种替代劣种。一些竹类植物材用或者药用价值低，或在生长过程中病虫害严重等导致经济效益和生态效益差，通过引进优良种类可克服上述不利因素。第三，扩大栽培范围，发展商品生产及保护珍稀竹类植物。某些竹类植物在区域内处于原生状态，但分布或栽培范围小，数量少或产量不多，不能满足市场需求或属于濒危保护对象，因此，在其自然分布或栽培范围内，扩大种植面积或实行集约化生产。第四，丰富园林植物种类。引种驯化是迅速有效地丰富城市林业和园林绿化竹类植物种类的一种有效方法，时间短，见效快，节省人力物力。第五，发挥竹类植物的优良特性。通过引种可使竹类植物及其新品种在新的区域得到更好的发展和表现。

1.3.1　国内最大规模的跨区域引种——南竹北移

20世纪50年代中期，中国有竹林面积$2.0 \times 10^{6} hm^{2}$。随着全国大规模植树造林的开展、竹类植物研究开发和利用的突破，广大地区大兴营造竹林，推动了山东、山西、河北、河南、陕西、辽宁和内蒙古七个省（自治区）的"南竹北移"，扩大了竹林分布地域。1966—1973年，北方七省（自治区）合计调配毛竹5.7×10^{6}秆，其他竹种（主要为刚竹和淡竹）造林近$1.0 \times 10^{4} hm^{2}$。至80年代初，全国竹林面积发展到$3.2 \times 10^{6} hm^{2[8]}$。

竹类植物向北方引种主要受到两方面的限制，即温度和湿度。温度是北方竹类植物引种的首要限制因子。由于不适应北方寒冷的冬天，竹类植物引种后常常受到冻害甚至死亡。因此，可采取以下两项措施确保引种工作的顺利进行。首先，按照引种生物学原则，引种一些抗寒性较强的竹类，如刚竹属（*Phyllostachys*）多数竹种。乌哺鸡竹（*Phyllostachys vivax*）可耐−23.4℃低温；黄槽竹（*Ph. aureosulcata*）等也可耐−20℃低温；在河南省固始曾经出现过−20.9℃的极端最低温，引种的毛竹（*Ph. edulis*）仍能正常生长[1]。因此，选育抗寒性较强的品种可使引种工作顺利进行。其次，采取物理措施安全度过寒冷季节。如对于大型散生竹而言，防寒措施为缠秆＋风障；混生竹类由于株秆较短，其最佳防寒措施为根部覆盖树叶，并在其西北侧打风障。北方干旱少雨，干燥亦是其引种的主要限制因子。因此，应采取补水措施来保证引种竹类的成活。一般在春季采用浇水与高喷灌叶面给水相结合的方式来为竹类补水。在夏、秋季连续干热风天气，可进行浇水及高喷灌给水，降低竹秆、竹叶表面温度，创造湿润的小气候，满足竹类植物生长的要求。

近二三十年，北方竹类引种开展得更为广泛，规模亦有所扩大。山东省在蒙山引种的20多个竹种获得了成功，极大丰富了北方的竹类资源，为北方竹类的引种奠定了工作基础。为了满足北方常绿植物品种种植和生态工程建设的需要，北京地区实施了"南竹北移"工程，引种适宜于北方种植的散生竹类，并取得成功，之后在天津、河北、辽宁、山东、河南、陕西等推广应用。中国北方地区缺少常绿植物和速生丰产品种，而"南竹北移"的成功，能逐步实现北方地区四季常绿和资源产量的增长。随着中国大量竹资源的开发利用，科学技术的进一步发展，竹类在北方的引种前景将会更为广阔。

1.3.2 引入国外竹种

中国引进竹亚科植物可以追溯到早期边民交往时，但真正有目的引进国外竹类植物的时间较短，约始于20世纪初，多数是作为观赏竹种引入庭院栽培。据统计，到目前为止，中国已先后从日本、印度、泰国、缅甸、越南、巴西和非洲一些国家引进竹亚科植物20属36种4变种20变型（见表1-1），其中引进属有9属。

表1-1　引进竹亚科植物

序号	属名	种名	种数	变种数	变型数	备注
01	梨竹属 *Melocanna*	梨竹 *M. baccifera*	2			为引进属
		小梨竹 *M. humilis*				
02	思笋竹属 *Schizostachyum*	短枝黄金竹 *Sc. brachycladum*	1			
03	泰竹属 *Thyrsostachys*	大泰竹 *Th. Oliveri*	2			为引进属
		泰竹 *Th. Siamensis*				
04	瓜多竹属 *Guadua*	瓜多竹 *G. angustifolia*	1			为引进属

续表

序号	属名	种名	种数	变种数	变型数	备注
05	箣竹属 Bambusa	印度箣竹 B. arundinacea	4			
		箣竹 B. blumeana				
		缅甸竹 B. burmanica				
		花眉竹 B. longispiculata				
06	牡竹属 Dendrocalamus	缅甸龙竹 D. birmanicus	2			
		美穗龙竹 D. calostachyus				
07	巨竹属 Gigantochloa	爪哇巨竹 G. apus	2			
		紫秆巨竹 G. atroviolacea				
08	锐药竹属 Oxytenanthera	酒竹 O. abyssinica	1			为引进属
09	刚竹属 Phyllostachys	皱竹 Ph. bambusoides f. marliasea		1	1	
		金明竹 Ph. bambusoides var. castillonis				
10	倭竹属 Shibataea	黄条纹鹅毛竹 Sh. Chinensis f. aureostriata			1	
11	业平竹属 Semiarundinaria	业平竹 Se. fastuosa	2		3	
		夜叉竹 Se. yashadake				
		黄金夜叉竹 Se. yashadake f. ogon				
		金明夜叉竹 Se. yashadake f. kimmei				
		银明夜叉竹 Se. yashadake f. gimmei				
12	方竹属 Chimonobambusa	银明寒竹 C. marmorea f. gimmei			2	
		红秆寒竹 C. marmorea f. variegata				
13	镰序竹属 Drepanostachyum	镰序竹 Dr. falcatum	1			
14	阴阳竹属 Hibanobambusa	阴阳竹 H. busa tranguillans	1		2	为引进属
		金明阴阳竹 H. tranguillans f. kimmei				
		白纹阴阳竹 H. tranguillans f. shiroshima				
15	矢竹属 Pseudosasa	矢竹 P. japonica	1	1	1	为引进属
		辣韭矢竹 P. japonica var. tsutsumiana				
		曙筋矢竹 P. japonica f. akebonosuji				

序号	属名	种名	种数	变种数	变型数	备注
16	大明竹属 *Pleioblastus*	青苦竹 *Pl. chino*	6	1	5	
		狭叶青苦竹 *Pl. chino* var. *hisauchii*				
		白纹东根笹 *Pl. chino* f. *angustifolius*				
		黄金东根笹 *Pl. chino* f. *holocrysa*				
		秋竹 *Pl. gozadakensis*				
		大明竹 *Pl. gramineus*				
		螺节竹 *Pl. gramineus* f. *monstrispiralis*				
		琉球矢竹 *Pl. linearis*				
		翠竹 *Pl. pygmaea*				
		川竹 *Pl. simonii*				
		叶变女竹 *Pl. simonii* f. *heterophyllus*				
		白纹女竹 *Pl. simonii* f. *variegatus*				
17	赤竹属 *Sasa*	大笹竹 *Sa. admirabilis*	8		3	
		铺地竹 *Sa. Argenteastriatus*				
		菲黄竹 *Sa. Auricoma*				
		菲白竹 *Sa. fortunei*				
		黄条金刚竹 *Sa. Kongosanensis* f. *aureo-striatus*				
		金带笹 *Sa. megalophylla* f. *nobilis*				
		掌叶笹竹 *Sa. palmata* f. *nebulosa*				
		棕笹 *Sa. Pamiculata*				
		日本矮竹 *Sa. Senanensis*				
		青丝赤竹 *Sa. tsuboiana*				
		熊笹竹 *Sa. Veitchii*				
18	东笹竹属 *Sasaella*	白缟椎谷笹 *S. glabra* f. *albo-striata*		1	2	为引进属
		多枝笹竹 *S. ramose* var. *ramose*				
		白缟东笹 *S. romosa* f. *albo-striata*				
19	莪利竹属 *Olyra*	矮莪利竹 *Ol. humilis*	1			为引进属
20	偏穗竹属 *Merostachys*	翠丽偏穗竹 *Me. speciosa*	1			为引进属
	合计		36	4	20	

参考文献

[1] 周芳纯. 竹林培育学. 北京:中国林业出版社, 1998.

[2] EMBAYE K, CHRISTERSSON L, LEDIN S, et al. Bamboo as bioresource in Ethiopia: management strategy to improve seedling performance (*Oxytenanthera abyssinica*). Bioresource Technology, 2003, 88: 33-39.

[3] 李伟成, 盛海燕, 钟哲科, 等. 竹林生态系统及其长期定位观测研究的重要性. 林业科学, 2006, 42(8): 95-101.

[4] 马乃训. 我国的竹类科学研究. 竹子研究汇刊, 1989, 8(1): 76-83.

[5] 史军义, 易同培, 马丽莎, 等. 中国引进竹亚科植物种类及特征. 林业科学研究, 2008, 21(3): 362-369.

[6] 萧江华. 我国竹业发展的现状和对策. 竹子研究汇刊, 2000, 19(1): 1-8.

[7] LIESE W. Advances in bamboo research. Journal of Nanjing Forestry University (Natural Science Edition), 2001, 25(4): 2-6.

[8] 李智勇, 王登举, 樊宝敏. 中国竹产业发展现状及其政策分析. 北京林业大学学报(社会科学版), 2005, 4(4): 50-54.

第 2 章

酒竹引种初探

植物引种驯化可追溯到两三千年以前，与人类文明的发展密切相关。植物引种驯化的任务，就是把发现的野生植物或者现有的农作物品种从其自然生长地点或者原产地转移栽培至新的栽培环境，使这些植物和农作物能够在新的生活环境条件下正常生长、发育和繁殖，并且保持着这些植物所具有的经济价值的性状，充分利用和发挥该地区的自然潜力，在原来没有这些植物的地区进行引种栽培，扩大生产，从而提供人民生活所需的各种产品。尽管中国的乡土植物遗传资源十分丰富，但农林系统多用途植物物种的应用趋向于普遍。植物学家和农林工作者对引种驯化外来植物的热情高涨，外来植物在中国得到了大范围的应用，其中外来树种人工林面积有 $8.0 \times 10^6 \mathrm{hm}^2$，占人工林总面积的 1/4 以上。植物的引种驯化涉及植物分类和分布、植物生态、植物生理和生化、植物栽培、植物遗传和变异等。

目前，全球仅 1/20 的竹类植物资源得到利用，其余大多数竹种资源尚未得到开发。在世界竹类植物资源中，存在着一种十分独特的大型丛生竹竹种——酒竹（*Oxytenanthera abyssinica*）（异名：*O. braunii*）。从其砍伐伤口中分泌出的伤流液，经自然发酵后成为酒竹酒[1,2]。德国著名竹类植物专家 Liese 把这一独特性能比喻为大自然给人类的恩赐[3]。酒竹为竹亚科锐药竹属竹种。秆丛生，实心，髓呈锯屑状，高 6~10m，直径 4~9cm；秆圆筒形，着枝一侧不具纵沟，具白色柔毛；节间长 25~45cm，秆每节分枝 5~9 支或更多支，具次级枝；秆同一节上具明显区别于其他分枝的主枝 1~2 支；新秆顶端的箨鞘呈现明显的紫红色，箨上密布棕黑色刺毛，箨宿存；叶长 25~40cm，横脉明显。

酒竹广泛分布于非洲大陆。其大部分生长地属热带稀树草原气候，全年雨季、旱季分明，年均降水量超过 800mm，干旱 3~7 个月（降水量<50mm）。适宜的年均气温为 20~27℃，月均气温最大值为 36℃，日均气温最低值为 7℃。带箨母竹栽种 6 年或者实生苗栽种 8 年可以进行采伐作业。酒竹纯林立

竹量一般为300～700丛/hm²、20000～30000秆/hm²。种子萌发的实生苗第1
年高1m左右枝1～2支。4～8年后，整个竹丛达到其最大的生长高度。茎秆
3年成熟，可成活8年，一般采伐6～8年生的茎秆。酒竹叶片煮水的汁液可
以用来治疗糖尿病、全身性水肿等。酒竹是非洲大陆营造防护林的主要竹种，
其延伸的地下根系对水土保持有益。

　　酒竹的原产地位于赤道南部非洲东部山区坦桑尼亚的中高山台地[3]。酒
竹适合生长在干旱湿润相交替的环境中，但并不适合完全潮湿的环境，主要
分布于海拔300～1600m处（海拔高达2000m的地方亦偶有分布），山区地形
复杂，低气压，短波强光辐射量大。该地区由于生物资源相对比较丰富，微
气候多样化，所以被列为生态气候区。该地区主要有两个雨季，每年3—5月
是时间较长的雨季，此雨季对于酒竹的克隆繁殖、营养体和繁殖体的生长是
至关重要的。主要旱季是6—9月这段时间（见表2-1）。

表2-1　酒竹原产地和引种地自然条件比较

地点	地形	气候	海拔/m	最冷月均气温/℃	最热月均气温/℃	年均降水量/mm	土壤	备注
原产：非洲东部山区	中高山地区	热带稀树草原气候	1250	14.0	36.0	1130	燥红壤	微气候多样化，有两个雨季：3—5月是时间较长的雨季，短雨季在11—12月。主要旱季是6—9月
引种：中国浙江杭州	平原地区	亚热带季风气候	28	3.8	28.6	1350	红壤	春、秋两季较短，夏季炎热，多台风，偶有伏旱；冬季经常受到寒流的侵袭，有严重冻霜，时有大雪。土壤多属黏土，pH值6.2～6.7
引种：中国云南墨江	中高山地区	南亚热带季风气候	1205	11.5	22.1	1338	红壤和赤红壤	无明显冬季，年温差小，日温差大，四季不明显；降水丰沛而集中，旱季、雨季分明；土壤含丰富的枯枝落叶、腐殖质与半风化的石砾，土质疏松，排水和透气性好
引种：中国云南元江	河谷地区	热带干热河谷气候	490	16.9	29.4	765	砂红壤	雨季为5—10月，雨季降水量占全年降水量的67.5%。土壤pH值约6.91，土地疏松，石砾含量大

续表

地点	地形	气候	海拔/m	最冷月均气温/℃	最热月均气温/℃	年均降水量/mm	土壤	备注
引种：中国广东广宁	中高山地区	南亚热带季风气候	85	10.0	28.5	1732	红壤和赤红壤	光源好，热量较足，温暖湿润，雨量充沛，无霜期长

作为重要的生活和经济竹种，原产地农民自发地将原生酒竹以分散和小规模的模式栽培，每到适产季节，人们将自然发酵的酒液收集起来自用或作为商品进行交易。在原产地，酒竹自然分泌的伤流液已被普遍作为酒和天然饮料的原料。当地酒竹在新竹（笋的高生长）形成过程中，伤流液分泌时间可持续一个月左右（28天），平均每丛适产酒竹可产伤流液30kg，按每年700丛/hm^{2}计算，则伤流液的产量可达2.1×10^{4}kg/hm^2。伤流液经2~3天的自然发酵，酒精度可达5.0%~5.5%，是一种上等饮料（无任何人工添加成分），口感甜酸可口，应用前景十分广阔[4]。

由于酒竹原产地地处非洲东部山区，原始、偏僻，交通不便利，且分布面积小，当地酒竹的生产、经营几乎都处于原始状态。目前世界上对酒竹研究、开发和利用尚处于起始阶段[3]。印度和美国在20世纪70—80年代都有引种，但均没有成功，可能是引种区域的土壤、气候和海拔等条件同原产地差距较大造成的[2,4]。

基于相近属性竹种的研究和实地考察调查，我们对酒竹的基础生物学特性进行了研究，并且对育苗方法进行了一系列有益和重要的探索，从而为酒竹的大规模推广奠定坚实的基础。

2.1 试验地自然条件

第一试验地设于浙江省杭州植物园120°07′E，30°15′N，海拔28m（见表2-1）。其位于中国东部湿润亚热带季风气候区北部，年均气温16.8℃，10月到翌年2月这段时间相对干旱（降水量只占全年的20%~27%）。春、秋两季较短，多温暖和湿润；夏、冬季各长达4个月，其中夏季炎热，多台风，降水量较大，偶有伏旱，冬季经常受到寒流的侵袭，有严重冻霜，降水量略小，时有大雪。试验用地土壤剖面为浅棕至棕红色，多属黏土，表层有机质含量23g/kg，pH值6.2～6.7，含微量碳酸盐，代换性盐基和盐基饱和度大。

试验地之二设于云南省墨江县土地塘（101°39′E，23°27′N，海拔1205m）（见表2-1）。其位于中国西南中高山地区，因受南亚热带季风的影响，四季不明显，无明显冬季，年温差小，日温差大。年均气温18.3℃，极端最高气温34.2℃，≥10℃的活动积温6302.6℃，年日照时数2148.1h。多年平均有霜期15.3天，无霜期306天。降水丰沛而集中，年分布不均，旱季、雨季分明，雨季5—10月，旱季11月至翌年4月，年降水量1338mm，年蒸发量1697mm，稍大于降水量。引种基地土壤以红壤和赤红壤（800～1500m）为主，有机质含量17g/kg，pH值6.9，全氮含量0.83mg/kg，全磷含量0.32mg/kg，阳离子交换量0.12mol/kg。

试验地之三设于云南省元江县中国林业科学研究院资源昆虫研究所元江试验站（101°00′E，23°36′N，海拔490m）（见表2-1）。其地处云南的中南部，位于哀牢山脉南端东侧，属于典型的热带干热河谷气候区。特定的气候条件使得元江成为云南重要的热带水果基地。年均气温23.9℃，绝对最低气温6.1℃，≥10℃的活动积温8690.2℃。年均降水量765mm，年均蒸发量2751mm，雨季为5—10月，雨季降水量占全年降水量的67.5%。土壤为砂红壤，土壤有机质含量21g/kg，全氮含量0.11mg/kg，全磷含量0.05mg/kg，全钾含量2.41mg/kg，pH值约6.9。

试验地之四设于广东省广宁县林业研究所（112°04′E，23°22′N，海拔85m）（见表2-1）。其位于广东省的西北部，南亚热带北缘，属南亚热带季风气候区。1月月均气温10.0℃，7月月均气温28.5℃，年均气温20.7℃。降水集中在每年的4—9月：县城4—9月平均降水量1702mm，西部4—9月平均降水量1500～1600mm，往东部逐渐增加，最高达1900mm；无霜期313天。土壤以赤红壤、红壤为主，占总面积的92.5%。全县山地均栽培竹类植物［主要为青皮竹（*Bambusa textilis*）和茶秆竹（*Pseudosasa amabilis*）］，面积约$7.2 \times 10^4 hm^2$。

2.2 引种试验

2.2.1 带箨移栽

于杭州植物园种植从非洲空运来的带箨酒竹植株232株。整地，挖穴，穴深0.5m，每穴0.5m×0.5m。设计带箨大小（<15cm、15～25cm、25～35cm，共3组）对其成活率影响的试验，发现成活率没有差异，当年成活率70.2%±3.5%。

于元江试验地带箨种植20株酒竹，地上部分高1～2m，穴深0.5m，每穴0.5m×0.5m，去梢，竹秆顶端留2～3盘枝，成活率100%。并施以蔗糖渣（N含量1.38%，P_2O_5含量0.93%，K_2O含量3.16%，腐殖酸含量54.67%，堆比重约0.3）和熟化尿肥，松土。为了适应元江干热河谷的气候特点，安排8：00—9：00和17：00—18：00施水。8个月后，叶色逐渐加深，高生长过程中一级枝生长出二级分枝，节部有新叶出现，但枝条纤细，新叶弱小，并呈黄绿色。这说明酒竹生长受到光、肥、水和生长空间的限制，难以形成生理整合。

于墨江试验地带箨种植58株，地上部分高1～2m，穴深0.5m，每穴1m×1m，留2～3盘枝。按照育苗要求进行圃地选择与整地作床作业时，每穴施入全面腐熟栲胶渣10kg（粗纤维含量28.70%，木素含量12.80%，戊聚糖含量16.27%，淀粉含量0.52%，粗淀粉含量7.51%，N含量0.98%，Ca含量0.55%，P含量0.02%，C/N=102.1，无氮浸出物含量40.05%）。栽后3月，沟施复合肥0.25kg（N：P_2O_5：K_2O=18：15：15）。旱季每3～5天施水1次。成活率90.3%。

元江试验地与杭州植物园试验地的种植过程相同，造成两地成活率差异的直接影响因子是温度：早春杭州有霜冻和结冰现象，而酒竹可耐受的最低温度为-1℃[4]。在杭州冬、春季，植株在塑料大棚中仍难以维持正常生理功能：杭州室外周平均温度下降至1℃，最低温度-2℃左右时，覆盖薄膜1层，薄膜内周平均温度1.8℃，最低温度0℃，酒竹不能成活，并出现地上部失活、枝叶冻伤和开花现象。利用管道人工加热方式对其周围微生境提高温度，发现仅在大于2℃时，酒竹可以勉强生存。

2.2.2 密度限制

于杭州植物园带篼种植酒竹的同时，进行密度试验，设计的株行距为1.5m×1.5m（见表2-2）。当年4月篼上笋眼开始萌发并进行快速高生长，至当年11月冠层已经出现重叠现象。

于元江试验地带篼种植酒竹的同时，进行密度试验，设计的株行距为1.0m×1.0m（见表2-2）。第3年10月调查时发现，酒竹生长明显受到密度制约：非洲原产地自然生长的酒竹植株高可达9m左右，茎秆直径可达10cm左右。但元江酒竹丛冠层全封闭，试验地林下郁闭度0.7～0.8，单丛酒竹虽然最大冠幅可达5m×4m，但叶色浅绿或黄绿；出笋初期，笋破土约1m后，顶端生长势逐渐减弱或消失，地上部不能形成枝、叶，茎秆高但细弱，其基径为3.20cm±1.45cm，营养枝在4—6月生长迅速，光资源竞争激烈，使得竹秆部倾向于高生长，但茎秆、一级枝和二级枝生长纤弱，分枝少，进行光合的主要器官——叶也少，每枝仅顶端有3～6片叶，并出现黄化现象；出笋后期，笋破土20～40cm，已不能再生长，有的在未破土时就已经开始出现腐烂，退笋现象严重，每丛出笋量仅为1.4支±0.5支；同时，林下阳光不充分也是造成新春笋不能尽快发育成立秆的主要原因。

于墨江试验地带篼种植酒竹的同时，进行密度试验，设计的株行距为5.0m×5.0m（见表2-2）。由于使用了基肥和栽后施肥的措施，因此在环境资源竞争并不是很激烈的情况下，第3年10月，其冠幅亦可达到16.77m^2±2.44m^2，每丛出笋量为2.6支±1.3支，比元江试验地多，但少于广宁试验地。墨江试验地的酒竹基径最大，为8.94cm±2.23cm，与其他2个试验地均有显著差异（$p < 0.05$）。

广宁试验地栽种设计的密度属于中等，株行距为2.5m×2.5m（见表2-2）。从其冠幅可以判断，酒竹由于需要竞争光资源，其株型在纵向和横向都有不同程度的发育，而且其水热条件优越，栽培空间并不能限制其出笋量，每丛出笋量为3.9支±0.3支，在几个试验地中最高，且与元江试验地有显著差异（$p < 0.05$）。

表 2-2 酒竹密度限制试验

试验地	种植株数/株	株行距	每丛出笋量/支	基径/cm	株高/m	冠幅/m²
杭州	232	1.5m×1.5m	—	—	—	—
元江	20	1.0m×1.0m	1.4±0.5ᵃ	3.20±1.45ᵃ	8.18±1.06ᵇ	20.51±1.36ᶜ
墨江	58	5.0m×5.0m	2.6±1.3ᵃᵇ	8.94±2.23ᵇ	4.82±0.85ᵃ	16.77±2.44ᵃᵇᶜ
广宁	37	2.5m×2.5m	3.9±0.3ᵇ	5.15±1.09ᵃ	6.53±1.09ᵃᵇ	14.55±2.09ᵃ

注：相同字母表示差异不显著（$p > 0.05$）；不同字母表示差异显著（$p < 0.05$）

2.3 讨论

植物引种成功的最大原因可能是树种原产地和新栽培地有相似的气候条件[5]。引种成功的关键在于掌握植物与环境关系的客观规律[6]。通过对酒竹在上述 4 个试验地的成活率、出笋量与生态环境的综合分析发现：原产地非洲的气温与试验地差异较大。特别是杭州，不适宜进行酒竹引种。低温极值会限制大部分常绿阔叶林树种的分布，并且使得一些能分布到亚热带北部地区的喜温性常绿树屡遭冻害、生理干旱以及雪压的机械损伤，这对于酒竹而言亦是致命的。而墨江和广宁具备了适合酒竹生存的生境条件，其冬季的平均温度可以基本满足酒竹的生活需求，即使有极低温出现，时间亦极短，对酒竹造成的伤害较小；同时，在这两个试验地，只要水分和肥料供应充足，酒竹在短时间内的生物量积累十分可观，故此两个试验地可以成为酒竹种质资源的保存地。

元江试验地也不适合酒竹的引种培育，因为元江虫害发生频繁。元江的高温和适当的降水量缩短了害虫的发育周期，且酒竹自然形成的高郁闭度林下成为害虫的避风港，螨类和小型节肢类动物对酒竹的伤流液及其发酵物质的食性倾向性。酒竹为这些昆虫的食物来源和寄主载体，这对于酒竹引种是不利的。此外，元江的年均降水量765mm，年均蒸发量2751mm，亦限制了酒竹的栽种[7]。

图 2-1 为坦桑尼亚原住民庭院中栽培的酒竹丛。

图 2-2 为坦桑尼亚原住民对酒竹进行砍梢后，伤流液溢出、蒸发并形成

结晶。

图2-3为坦桑尼亚原住民对酒竹进行砍梢后，利用空心竹秆采集伤流液。

图2-4为坦桑尼亚原住民挖出酒竹的箢，以便进行酒竹的埋箢造林。

图2-1 非洲的酒竹   图2-2 伤流液结晶

图2-3 伤流液   图2-4 酒竹的箢

参考文献

[1] BRENAN J P M, GREENWAY P. Check-lists of the forest trees and shrubs of the British Empire. Oxford: Imperial Forestry Institute, 1949.

[2] MGENI A S M. Bamboo wine from *Oxytenanthra braunii*. Indian Forester, 1983,109: 306-308.

[3] LIESE W. Bamboo and its use international symposium on industrial use of bamboo Beijing,

China -7-11 DEC., INTERN. TROP. Timber Organization, Chinese Academy of Forestry, The structure of bamboo in relation to its properties and utilization. 1992.

[4] ROY W. Bamboo Beer and Bamboo Wine. Southern California Bamboo—The Newsletter of the Southern California Chapter of the American Bamboo Society, 2005,15(6):2-3.

[5] MEREDITH T J. Bamboo for Gardens. Portland: Timber Press, 2001.

[6] 李伟成，盛海燕，钟哲科. 竹林生态系统及其长期定位观测研究的重要性. 林业科学，2006，42(8): 95-101.

[7] 王树东，李伟成，钟哲科，等. 特用竹种——酒竹的引种繁育初报. 竹子研究汇刊，2008，27(1): 27-31.

第3章

浅析酒竹分类
地位

对于竹类植物，传统分类系统主要依据花果特征，而竹类植物开花周期较长，花、果实、种子等繁殖器官不易获得，因此依据此方法进行分类往往需要几代人的努力。同时，依据外部形态分类易受环境因素及个体发育情况的影响，特别是在对形态上相似的竹种进行鉴定时，受经验性和主观性影响较大。随着研究的不断发展，新分类群的报道不断增加。有关竹类植物分类的争论愈来愈大，已成为被子植物分类中的一大难点[1]。

随着现代分子生物学及DNA（脱氧核糖核酸）分子标记技术的发展，人们开始从DNA水平来研究物种的系统分类问题。DNA分子标记能在分子水平上对竹种进行鉴定，揭示其内在的差异，不受时空限制。Taguchi等[2]利用RELP（限制性片段长度多态性）技术从线粒体DNA的多态性角度出发，研究了刚竹属3个竹种种间及种内的遗传变异，这是DNA分子标记技术首次用于竹类的研究。在随后的近三十年，先后有RAPD（随机扩增多态性DNA）、ITS（内源转录间隔区）、SSR（简单序列重复）、EST-SSR（表达序列标签）、AFLP（扩增片段长度多态性）、SCAR（特定序列扩增）6种分子标记技术被用于竹类研究。它们主要应用于竹类种属界定、遗传多样性、居群遗传、系统分类、系统进化等方面的研究，而且取得了较好的效果。Zhao和Kochert[3]将水稻微卫星$(GGC)_n$应用到竹类植物遗传图谱研究上。由于不同的分子标记可以在不同的类群中产生独特的带型，或者得到种或种以上分类等级特异性的带，因此DNA分子标记技术被越来越多地用来分析竹种间的亲缘关系。Luo[4]等首次基于叶绿体系统发育基因组学探讨了单子叶植物的早期演化过程，测定了岩菖蒲科（Tofieldiaceae）、眼子菜科（Potamogetonaceae）和泽泻科（Alismataceae）几个代表种的叶绿体全基因组，选取79个叶绿体蛋白质编码基因，基于不同的数据分析方法重建了早期分化的单子叶植物分支的分子系统发育框架，明确了泽泻目为单系，岩菖蒲科是泽泻目最基部的类群。

竹类植物的系统进化过程较为复杂,分子证据和形态证据相冲突的问题时有发生,基于分子数据得出的系统树与基于广义形态学性状得出的系统关系并不一致,其中最具代表性的就是新世界热带木本竹子和旧世界热带木本竹子的分化[5]。因此,不能孤立地研究其中的某一属,必须进行竹类植物相关属种系的综合整理。同时,利用分子手段寻求更多的分类证据。

ISSR又称内部简单重复序列,是继RFLP、RAPD之后一类新型的分子标记技术。它可以比RFLP、RAPD、SSR揭示更多的多态性。与SSR标记相比,ISSR引物可以在不同的物种间通用,不具有较强的种特异性,且开发费用大大降低;与RAPD和RFLP相比,ISSR揭示的多态性较高,可获得几倍于RAPD的信息量,精确度几乎可与RFLP相媲美,检测非常方便。因此,ISSR是一种非常有发展前途的分子标记。目前,ISSR标记已被广泛应用于植物品种鉴定、遗传作图、基因定位、遗传多样性、进化及分子生态学研究中。

3.1 材料与方法

3.1.1 试验材料

牡竹属(*Dendrocalamus*)、巨竹属(*Gigantochloa*)与锐药竹属(*Oxytenanthera*)19种竹种的试验材料来源见表3-1。

表3-1 竹种与采集地

编号	竹种	拉丁名	凭证标本	采集地点
01	龙竹	*Dendrocalamus giganteus*	L01	云南普洱墨江县
02	小叶龙竹	*D. barbatus*	L02	西双版纳中科院植物园
03	毛脚龙竹	*D. barbatus* var. *internodiiradicatus*	L03	西双版纳中科院植物园
04	美穗龙竹	*D. calostachyus*	L04	西双版纳中科院植物园
05	云南龙竹	*D. yunnanicus*	L05	西双版纳中科院植物园
06	金平龙竹	*D. peculiaris*	L06	云南红河金平县
07	版纳甜龙竹	*D. hamiltonii*	L07	西双版纳中科院植物园
08	歪脚龙竹	*D. sinicus*	L08	西双版纳中科院植物园
09	黄竹	*D. membranaceus*	L09	云南临沧双江县
10	牡竹	*D. strictus*	L10	西双版纳中科院植物园

续表

编号	竹种	拉丁名	凭证标本	采集地点
11	勃氏甜龙竹	*D. brandisii*	L11	云南普洱墨江县
12	麻竹	*D. latiflorus*	L12	云南普洱墨江县
13	野龙竹	*D. semiscandens*	L13	西双版纳中科院植物园
14	马来甜龙竹	*D. asper*	L14	西双版纳中科院植物园
15	黑毛巨竹	*Gigantochloa nigrociliata*	L15	西双版纳中科院植物园
16	白毛巨竹	*G. albociliata*	L16	西双版纳中科院植物园
17	滇竹	*G. felix*	L17	西双版纳中科院植物园
18	南峤滇竹	*G. parviflora*	L18	西双版纳中科院植物园
19	酒竹	*Oxytenanthera abyssinica*	L19	云南普洱墨江县

3.1.2　DNA提取

DNA提取采用改进的CTAB（十六烷基三甲基溴化铵）裂解-硅珠吸附法[6]。在10mL离心管中加入4mL CTAB提取液及120μL巯基乙醇，在恒温振荡器中预热至65℃。取硅胶干燥后的叶片样品1g，剪碎，加少许石英砂和PVP（聚乙烯吡咯烷酮）在液氮中研磨成粉末，迅速转入预热的CTAB提取液，充分摇匀后水浴60min。将样品置于冰上迅速冷却至室温，加入等体积的酚：氯仿：异戊醇（25：24：1）混合物，充分混匀后12000r/min离心10min，取上清，加入1/10体积的硅珠悬浮液，振荡混匀，静置15min，6000r/min离心20s。弃上清，用600μL漂洗液充分溶解沉淀，振荡混匀，6000r/min离心20min。重复漂洗1次，弃上清，用70%的乙醇漂洗沉淀2遍，最后用无水乙醇漂洗1遍。自然风干，加50μL TE（三羟甲基氨基甲烷＋乙二胺四乙酸）缓冲液溶解。56℃水浴保温10min，12000r/min离心10min，上清即为DNA溶液，于-20℃保存。将提取的DNA样品、λDNA与溴酚蓝上样缓冲液混匀，在浓度为1.2%的琼脂糖凝胶上电泳1h，与标准λDNA比色，确定DNA的浓度和纯度，确定最终DNA模板浓度为10ng/μL。

3.2　结果

建立在优化ISSR扩增体系的基础上，选取100条ISSR引物进行初筛和复筛，最终筛选出12条多态性较好的引物，用于扩增反应。引物由上海生物工程公司合成，引物的碱基序列见表3-2。

表3-2 用于ISSR扩增的引物及引物扩增的条带数

引物编号	核苷酸序列	扩增总条带数	多态性条带数
ISSR-01	$(AC)_8T$	16	15
ISSR-02	$(AC)_8AT$	14	14
ISSR-05	$(AC)_8TG$	15	15
ISSR-08	$(ATG)_6$	12	11
ISSR-17	$(GACA)_4$	14	12
ISSR-22	$(AC)_8AA$	16	16
ISSR-23	$(AC)_8TA$	16	16
ISSR-25	$(AC)_8CA$	16	13
ISSR-26	$(AC)_8CC$	17	16
ISSR-29	$(TG)_8CT$	12	12
ISSR-33	$(TG)_8CC$	20	17
ISSR-35	$(TG)_9T$	20	18
总数		188	175

1. ISSR-PCR（内部简单重复序列间扩增）反应体系成分组成：DNA模板2μL；$MgCl_2$ 1.2μL；dNTPs 2μL；引物0.6μL；*Taq*聚合酶0.2μL；PCR 10×缓冲液2μL；加入ddH_2O 12μL；PCR反应的总体积为20μL。

2. PCR热循环仪L9600。

3. 热循环仪的温度：起始变性步骤的温度为94℃，维持时间为5min；循环变性步骤的温度为94℃，维持时间为60s；循环退火步骤的温度为54℃，维持时间为45s；退火与延伸步骤之间的变温速率为1℃/s；循环延伸步骤的温度为72℃，维持时间为2min；循环周期总数为45个循环；最后延伸步骤的温度为72℃，维持时间为7min。

4. ISSR-PCR片段的分析：琼脂糖凝胶电泳；电泳缓冲液为0.5×TBE（三羟甲基氨基甲烷＋硼酸＋乙二胺四乙酸）；所用胶浓度为1.5%；电泳条件为电流50mA、电压130V、泳动时间3h；染料为溴化乙啶（EB），终浓度0.5μg/mL；DNA标记物为100bp DNA plus ladder（MBI公司）[1]。

对100条ISSR引物进行多态性筛选，从中选出扩增效果好、条带清晰、多态性及重复性好的12条引物，对19个竹种的DNA样品进行PCR扩增，扩增结果如图3-1所示。根据表3-2，12条引物共扩增出188个位点，平均每个引物扩增出15.7个，扩增片段多集中在300～5000bp。这说明19个竹种扩增位点较为丰富，多态性显著，具有丰富的遗传多样性，种间差异比较明显，表明ISSR标记能够有效地揭示材料间的多态性。

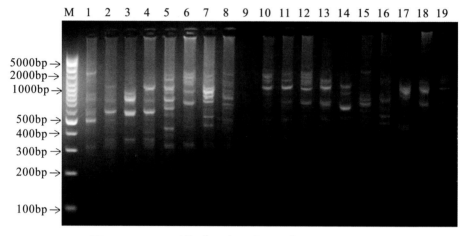

图3-1 ISSR-02引物对19个竹种ISSR扩增的电泳结果

3.3 讨论

用"1"表示有扩增条带，用"0"表示无扩增条带，建立数据文件。扩增结果用Popgen32、MEGA4软件分析，输出UPGMA（未加权的配对组法分析）树状聚类图，见图3-2。在聚类图中，在遗传相似性系数为0.690时，19个竹类植物品种被划分为三大类：在第一大类中，黑毛巨竹、白毛巨竹、南桥滇竹、滇竹同属于巨竹属，在亲缘关系上相对较近，这与形态学分类结果相吻合；酒竹单独为一类；其他牡竹属竹种为一大类。酒竹属于锐药竹属，因此与其他18个竹种遗传差异较大，相似性较低，与巨竹属和牡竹属差距较大，ISSR的聚类结果与形态学上的分类结果基本相吻合。这也符合簕竹亚族分为基部类群和簕竹属—牡竹属—巨竹属属群（BDG属群）的观点[7]。BDG属群是旧世界热带木本竹子中经济价值最大、最为多样和复杂的类群。

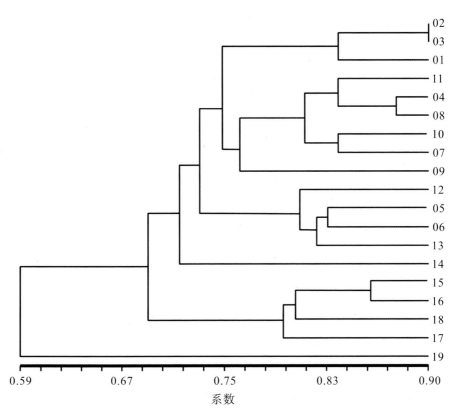

图 3-2　UPGMA 树状聚类图

　　上述竹种的地下茎均为合轴型。巨竹属，秆丛生，常高大，直立，梢端可下垂；节间圆筒形，常被毛；分枝高，每节生多枝，主枝显著，无枝刺。箨鞘早落性，坚硬，厚革质，背面常密被小刺毛；箨耳常不明显；箨舌显著；箨片直立或外翻，基部与箨鞘顶端同宽，或向内收缩而较窄。叶片大型，基部楔形。上述巨竹属形态特征与锐药竹属十分相似。但 Holttum[8] 指出，锐药竹属的花柱为中空，即是由子房壁向上延伸变细而成的，因此，过去认为锐药竹属的竹种均应改置于巨竹属或牡竹属。同时，巨竹属的花枝无叶，每节着生少数乃至多数假小穗，当为多数时则可聚集成球形簇团；小穗轴节间极短缩，不具关节；花丝幼时连合成一较粗短的花丝管，后者能伸长而变为膜质管，花药常具小尖头。而巨竹属原产于东南亚及南亚次大陆，多生于热带雨林中，本属约有30种。我国已知有5种，均见于云南。后来 Grosser 和

Liese[9]也从竹材解剖的角度以维管束形态支持了Holttum的意见。锐药竹属的模式种*O. abyssinica*的花丝连成一大片膜质体，而且伸出花外。这与巨竹属的花丝仅连合成管状有较大的区别。

参考文献

[1] 李林，董敦义，丁雨龙，等 . 赤竹亚族（Sasinae Keng f）分子系统学研究 . 竹子研究汇刊，2008，27(4): 21-29.

[2] TAGUCHI F. Intar and interspecific variation of mitochondrial DNA in three *Phyllostachys* species. Bamboo Journal, 1988, 6: 28-36.

[3] ZHAO X, KOCHERT G. Phylogenetic distribution and genetic mapping of a (GGC)n microsatellite from rice. Plant Molecular Biology, 1993, 21(4): 607-617.

[4] LUO Y, MA P F, LI H T, et al. Plastid phylogenomic analyses resolve Tofieldiaceae as the root of the early diverging monocot order Alismatales. Genome Biology and Evolution, 2016, 8(3): 932-945.

[5] 郭振华，李德铢 . 竹亚科系统学和生物地理学研究进展及存在的问题 . 云南植物研究，2002，24 (4): 431-438 .

[6] 王太鑫，丁雨龙，刘永建，等 . 巴山木竹无性系种群的分布格局 . 南京林业大学学报（自然科学版），2005，29(3): 37-40 .

[7] ZHOU M Y, ZHANG Y X, THOMAS H, et al. Towards a complete generic-level plastid phylogeny of the paleotropical woody bamboos (Poaceae: Bambusoideae). Taxon, 2017, 66(3): 539-553.

[8] HOLTTUM R E. The classification of bamboo. Phytomorphology, 1956, 6: 73-90.

[9] GROSSER D, LIESE W. On the anatomy of Asian bamboos, with special reference to their vascular bundles. Wood Science & Technology, 1971, 5: 290-312.

第 4 章

解剖学特性

竹类植物解剖学研究主要从竹的叶、茎（表皮、节间、节部及其纤维）和根部展开。

有关叶的解剖比较，经典的工作是Walter[1]在前人的研究基础上，通过对72属101种禾本科植物进行解剖，将禾本科植物叶分为六类，竹型为其中之一。Metcalf根据竹类植物叶片中脉的解剖特征，将竹叶结构分为8种类型，但强调这些类型在属的水平上没有分类意义[2]。近年来，有关竹叶的解剖备受人们的关注。钱领元等[2]观察了16个竹种的叶片的解剖特征，认为维管束两侧的横向空隙即梭型细胞的有无或发达与否、主脉的维管束特征、叶肉细胞的形状和泡状细胞的数目可以作为分类的依据，并以此为基础编制了检索表；丁雨龙等[3]认为单一地根据竹类植物叶片某个部位的解剖构造进行分类，价值不大。

对竹类植物茎秆表皮系统的、详细的研究最早由竹内叔雄于1932年完成[4]。此后，许多学者，如Ghosh和Negi[5]、腰希申等[6]对此进行了进一步研究。竹种不同，其表皮细胞的形状、大小、分布、壁厚、胞壁形状及纹孔的多少均有差异。这些可以作为属、种的分类依据，对鉴定竹种有参考价值。

目前，对竹秆的结构研究工作成果最为显著。这不仅因为竹秆是人类利用的主要部位，其结构决定了竹材的力学特性及加工特性，而且因为竹秆内部维管束的特征对于竹类植物分类有重要意义。《竹的研究》一书中介绍了对竹秆形态结构进行的基本研究，以竹材内部构造作为分类依据[4]。之后，宇野昌一根据维管束的形状及排列等差异，将竹类植物维管束分为α_1、α_2、β_1、β_2、β_3、γ等类型，其中γ型为现在的断腰型，最后的结论为：根据解剖学特征，只能将某些特殊的竹秆加以区别，而大部分竹类差异不大，难以区分[7]。Grosser和Liese[8]比较系统地研究了亚洲14属52种250根竹秆的解剖结构后，将竹秆的维管束分为四种类型，即开放型、紧腰型、断腰型、双断腰型。他们的研究结果虽然有不完善之处，但在竹类维管束形态研究方面取得了明显的突破。林万涛[9]和温太辉等人[7]总结了几种类型维管束的进化趋势是由复杂到简单，即由双断腰型—断腰型—紧腰型—开放型—半开放型，基本上与合轴丛生—复轴混生—单轴散生的分类相吻合。随着对竹秆更深入全面的研究，Liese等[10]在以往的工作基础上对竹秆维管束做了补充观察，弥补了以前观察不全的缺憾。20世纪后期，中外学者对许多种类的竹秆结构做了进一步研究，对竹秆维管束的形态、大小等亦做了许多定量观测，并进行了比较及分类的研究[11]。

在茎秆节部结构研究方面，熊文愈等[12]对毛竹的节部维管束做了初步研究。丁雨龙和Liese[13]研究了6种散生竹和丛生竹节部的构造，研究结果表明：大多数轴向的主维管束直接穿过节部，位于秆壁外围的维管束鞘向外弯曲，并有分叉的维管束进入箨鞘，位于内侧的维管束变粗，维管束在节部通过分叉形成一个复杂的网络体系。丛生竹在节间所具有的分离纤维束消失，维管束的侧鞘通常发育很差或不育。维管束的组成发生了很大的变化。后生木质部不再由两个大型的网纹导管组成，而是由大量形态较小、纹孔较大的导管组成，排列成"V"字形，韧皮部被夹在其中。在导管周围分布了许多特殊的薄壁细胞，它们的细胞壁特化成网状。韧皮部的结构在维管束的分叉处形成了一种特殊的纺锤状结构，被称为"韧皮部结"[14]。构成"韧皮部结"细胞之间的胞间连丝十分丰富，其功能与物质的分流密切相关。

竹类植物的茎秆纤维细胞为长形，两端逐渐变细，有时为分叉状，以维管束鞘或分离的纤维束的形式存在于茎秆中。竹类植物的纤维特征影响着茎秆的强度等物理学特性，也极大地影响着竹类植物纸浆造纸中纸浆的质量。宇野昌一曾测量过刚竹属和箬竹属等6种竹种的纤维长度[11]；20世纪中后期，Ghosh和Negi[15]对纤维的长度、宽度等形态特征做过观察，记录了不同竹种纤维的形态指标。

有关竹类植物根部的解剖构造的报道并不多。最早的研究工作为1932年日本学者竹内叔雄所做，他比较了丛生竹与散生竹根的结构特征。胡成华等[16]研究了中国19属（包括散生竹和丛生竹）34种竹类植物的根部结构，结果表明，根据竹类植物根部的解剖特征，可将竹类植物划分为两大类群，即散生竹与丛生竹。

4.1　酒竹的基本形态与特征

4.1.1　试验材料

从5月开始于云南墨江土地塘种植基地采集刚出土、健康、无病虫害的酒竹笋，剥去基部笋壳，分基部、中部和上部取材，每株笋取20个样，共取5株。将样本分别切割成不同秆壁厚度的1cm×2cm小块，然后立即将其放入甲醛-醋酸-酒精（FAA）固定液中进行固定。选取无损伤的叶片，将其分为中部（具中脉）和边缘，切成1cm×1cm的小片置于FAA固定液中，根的处理方法与之相同。然后将上述材料带回实验室，于真空抽气机中抽气，4℃冰箱保存，备用。

从种植基地分别选择年龄不同的酒竹，在竹秆的基部（第3节，从下往上数，下同）、中部（第10节）以及上部（第19节）的节间中央截取长约5cm、宽约2cm的竹块作为试验材料。

4.1.2　试验方法

1. 石蜡制片

将FAA固定液固定的样本用不同浓度等级的酒精和叔丁醇进行脱水处理，然后石蜡包埋。于旋转切片机上连续切片，切片厚6～8μm，二甲苯脱蜡，酒精脱水，番红固绿对染，然后树胶封片。

2. 竹材制片

将采回来的竹材剖分为宽1cm、长2～3cm的竹块，根据年龄的不同，在沸水中煮5～6h，或将其置于高压锅中煮2～3h。将竹块置于10%的乙二胺中软化，将软化后的竹块置于聚乙二醇2000中于60℃温箱中浸透，滑走切片机从纵向、横向两个方向切片，切片厚度为20μm左右，番红染色，常规制片。

3. 纤维离析

分别取一年生、二年生和三年生3个龄级的酒竹，每个龄级各取3株生长良好的竹株作为测试对象。分别在基部（第3节）、中部（第10节）以及上部（第19节）的节间中央截取长约5cm竹材供测试用。分别将上述材料削成长约2cm的火柴棍状，倒入Jeffery离析液（按10%铬酸＋10%硝酸等比例配制），浸没竹棍，离析36～72h。待竹棍被浸透，用镊子轻轻一夹即完全散开为宜。将离析液倒出，用蒸馏水冲洗至中性，放入70%的酒精进行保存。

离析样以1%番红染色1～2min，然后用蒸馏水洗去染液，按常规方法制片。通过显微镜用显微测微尺测定纤维细胞的长度、宽度、腔径和壁厚等，每一试样观测50根纤维，每一部位观测150根纤维，记录结果，然后采用统计产品与服务解决方案（SPSS）统计分析软件进行方差分析。

4. 显微观察及摄影

竹笋及竹材横切面分外、中、内三部分用显微镜观察，并用显微测微尺测定维管束的长度、宽度，以及后生导管的直径等。每一部位重复20～60次，取平均值，并用尼康E800显微镜数码显微摄影。

4.1.3 解剖学特征

1. 根的解剖学特征

酒竹根的结构主要包括表皮、皮层和维管柱三部分（见图4-1、图4-2）。

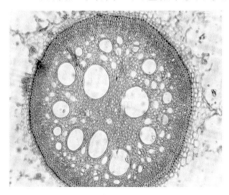 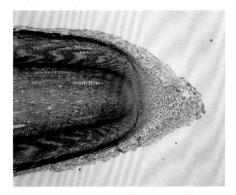

图4-1 成熟根（10×）　　　　图4-2 根尖纵切面（4×）

表皮：根的表皮细胞较大，在横切面上呈椭圆形，其长轴在径向为一层连续的细胞，表皮细胞具有吸收和保护功能，表皮脱落后由外皮层代替它的保护作用。

外皮层：表皮下一层为排列整齐的基本组织细胞，细胞圆形，排列紧密，细胞壁增厚不明显。

皮层基本组织细胞：靠近外方的细胞形状不规则，排列也不整齐。而靠近内方的10层左右的细胞从外向内、由大到小径向排列整齐，即为环内皮层[16]。

紧靠环内皮层细胞的是1～2层扁平的细胞。观察中未见到明显的细胞间隙，无气腔。

内皮层：内皮层细胞位于皮层的最内层，细胞较大，排列整齐。

维管柱：它是根中最重要的组织，处于根的中心。外层为中柱鞘细胞，酒竹中柱鞘细胞排列不太整齐，因此不易分辨。内部有正在分化的维管束。维管束内方为髓部基本组织细胞，形状不规则。此外，在髓部还有一些由小细胞围成的气腔，在发育后期小细胞逐渐解体，形成大的气腔。

成熟根表皮和皮层在生长过程中逐渐老化，由内皮层和周围纤维组织起保护作用。

2. 茎的解剖学特征

表皮层：表皮层为一层细胞，具有厚的角质层，为外层保护组织。尤其在切向上外壁比内壁厚。随着年龄的增加，细胞壁也会稍有增厚。短细胞分为栓质细胞和硅质细胞。

皮下层：皮下层紧接在表皮层下，常由1～2层的厚壁细胞组成，近圆形。由于其细胞形态小，排列整齐紧密，且细胞壁较厚，易与皮层细胞区别。

皮层：皮层细胞位于皮下层之内，细胞壁较薄，排列不整齐。靠外方的细胞较小，越向内细胞越大，壁也越薄，细胞壁层数与秆壁的厚度有关。

基本组织：竹类植物基本组织位于各维管束之间，细胞壁较薄，排列无层次，外方的细胞较小，内方较大。随着年龄的增加，基本组织的细胞壁逐渐木质化，并且从秆的基部到上部，细胞壁逐渐增厚。位于茎秆上部且靠近皮层的细胞壁厚度最大，以增加茎秆的支撑功能，这通常是由竹类植物的茎秆受力不同所造成的，而年龄较小的茎秆展现相反的状况。基部茎秆的基本组织细胞的细胞壁要比梢部细胞的细胞壁薄，这是由于其梢部的细胞靠近顶端组织，分化程度低。

维管束：维管束是竹类植物运输水分、矿质元素等营养物质的重要运输通道，主要是由原生导管、后生导管、韧皮部及纤维鞘组成。竹类植物不同竹种的维管束种类不同，同一竹种不同部位的维管束形态也有所差异。在酒竹中存在三种不同形态特征的维管束，分别为双断腰型、断腰型和半开放型。节间的维管束在基本组织里排列相对规则。在同一茎秆的不同高度（轴向）及同一横切面的不同部位（径向）上，维管束大小及数目均有较大的差异。

从横切面看，竹秆的轴向分布为下部的维管束大而疏，形态常为卵形或宽卵形，中部及上部的维管束排列逐渐变密集。在同一横切面上，外围的维管束分布密集，且形态较小，输导组织分化不完全，维管束径向伸长，纤维细胞是主要的组成成分。中间的维管束形态稳定，输导组织分化完全，为竹种的特征性状之一[8]。内部维管束的形态差异很大，往往发生内部纤维束的变形、消失和排列转向等。酒竹在茎秆的横切面的内部和中间部分分化出的主要是双断腰型维管束，其次是断腰型维管束、而在横切面的外围部分则分化出了半开放型维管束，以及半开放型维管束与维管束之间的过渡类型（见图4-3～图4-5）。

竹类植物茎的基本结构与其他禾本科植物基本相似，均是由散生的维管束排列在基本组织中所组成。由于竹类植物的茎缺乏双子叶植物的茎中的横向运输系统——维管射线，维管束在秆的节间互相分离，因此竹类植物节间的横向物质交换难以进行。而节部的维管束反复分叉，形成复杂的网络系统，使物质的横向运输得以实现[13]。酒竹节部维管束失去了节间维管束的特征，维管束的木质部导管与

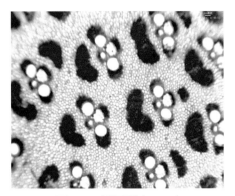

图4-3　断腰型（10×）

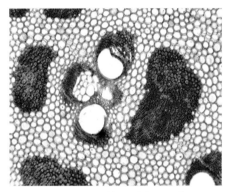

图4-4　双断腰型（40×）

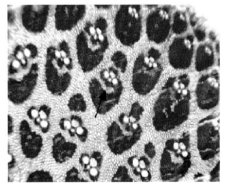

图4-5　半开放型及维管束过渡类型（箭头）（10×）

韧皮部筛管的排列并无规律。同时，在节部可见丰富的结节状结构。据报道，这种结节结构的细胞具有能传递细胞的特性，其功能与物质的分离有关，称

为"韧皮部结"（见图4-6）[14]。

竹秆的伸长生长主要依靠节间细胞的分裂和伸长。这些细胞具有强烈的分裂能力和轴向伸长的特性。整个节间细胞均可分裂，靠近顶端的节间细胞分裂能力强。随着竹笋的生长，每一节间上方的细胞逐渐失去分裂能力，分裂的部位仅限于节间基部，这部分细胞可保持相对较长时间的分裂能力，直至节间生长完成[12]。

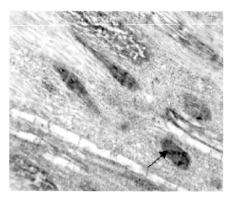

图4-6　韧皮部结（箭头）（10×）

3.叶的解剖学特征

酒竹叶的显微结构与其他竹类植物差异不大，主要分为表皮、叶肉、叶脉三部分。

表皮：酒竹叶片具上、下表皮细胞各一层。上表皮细胞较大，具有厚而平滑的角质层，并有少量气孔和硅质细胞，在2个维管束间，具有大型泡状细胞（见图4-7）。泡状细胞一般为3个，排列为扇形，常深入叶肉1/2以上的部位。下表皮细胞形状差异很大，角质层具有大小不等的乳凸，并具有丰富的气孔器和硅质细胞，但在叶片的边缘无泡状细胞分布。

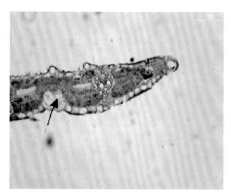

图4-7　叶缘及泡状细胞（箭头）（10×）

叶肉：酒竹叶肉细胞常为3～4层。靠近上表皮的第一层的细胞较大，为细胞壁单向指状内褶的臂细胞（自上而下）。其他层的叶肉细胞壁呈放射状或不规则状。维管束两侧的叶肉细胞为无色透明的大型棱形细胞。赵惠如等[17]认为棱形细胞的有无、大小与叶肉细胞的分化程度有关。在叶缘没有观察到棱形细胞。

叶脉：禾本科植物的叶脉分为中脉及两侧的平行脉。采用丁雨龙等[18]的命名方法，中脉两侧的平行脉分为一级平行脉、二级平行脉等。叶脉由维管束鞘及维管束组成。酒竹的维管束鞘由两层细胞组成，外层为较大的基本组织细胞，为厚壁细胞。次级平行脉的维管束鞘排列规则整齐，而位于中脉外的维管束鞘细胞排列不规则，外层基本组织细胞大小不一，且往往不呈完整的鞘状，内层由1～2层排列不太整齐的厚壁细胞构成。同时中脉的维管束往往与许多小维管束交织在一起，形成一个复合的维管系统。这些小维管束具有完备的厚壁内鞘、木质部及韧皮部的分化细胞。叶片以中脉的主维管束发育最为完善（见图4-8、图4-9），脉越细，维管束的结构越简单，在二级平行脉及叶缘处的维管束往往无后生导管，仅剩下孔径较小的管胞和筛胞。叶脉维管束木质部导管及韧皮部的排列与茎相似，靠近上表皮的近轴面为原生导管，两侧的后生导管与原生导管呈"V"字形排列；但与茎不同的是，后生木质部往往在同一侧分化出两个大小相等的导管。韧皮部由大的筛管和小的伴胞组成。无论中脉及次级平行脉，维管束的两侧均有厚壁组织与两侧的表皮相连，但以靠近下表皮的厚壁组织较为发达，数量多且木质化程度高。

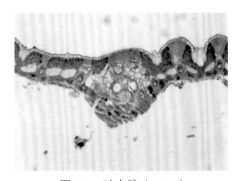 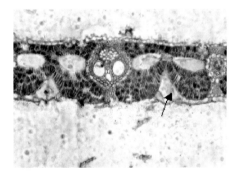

图4-8　叶中脉（10×）　　　　图4-9　一级平行脉及泡状细胞（箭头）
　　　　　　　　　　　　　　　　　　　　（10×）

4.2　酒竹维管束与后生导管结构的比较解剖

对酒竹的解剖结构进行研究，有助于了解和掌握酒竹的竹材特性，同时对其合理开发和利用也具有重要意义。

4.2.1　酒竹不同年龄维管束长宽比的变化

酒竹维管束的长宽比随着取材部位和年龄的变化而变化（见表4-1）。在同一龄级，维管束的长宽比由内向外呈现出显著增加的趋势。例如，当年生酒竹茎秆的横切面上，秆材内部区域的维管束的长宽比为1.49±0.03，中部区域的维管束的长宽比为1.53±0.06，外部区域的维管束的长宽比则为1.61±0.04。相对于秆材内部区域，秆材外部区域具有更多较小的维管束。在茎秆的横切面上，靠近内部区域的维管束的长宽比接近1，而靠近外部区域的维管束的长宽比接近2。秆材维管束的长宽比也会随着年龄的变化而变化。当年生酒竹茎秆维管束的长宽比为1.54±0.03，一年生酒竹秆材维管束的长宽比为1.44±0.05，二年生酒竹维管束的长宽比为1.50±0.02，可见维管束长宽比并未随着年龄的变化表现出明显的变化规律。

表4-1 不同年龄秆材维管束长宽比

年龄	部位			
	外部	中部	内部	平均
当年生	1.61 ± 0.04^c	1.53 ± 0.06^b	1.49 ± 0.03^a	1.54 ± 0.03^b
一年生	1.60 ± 0.10^c	1.40 ± 0.06^b	1.32 ± 0.06^a	1.44 ± 0.05^a
二年生	1.59 ± 0.06^b	1.47 ± 0.03^a	1.45 ± 0.02^a	1.50 ± 0.02^b

注：相同字母表示差异不显著（$p>0.05$）；不同字母表示差异显著（$p<0.05$）

4.2.2 酒竹不同年龄后生导管直径的变化

竹类植物的维管束中有两种导管：原生导管和后生导管。当后生导管发育并开始逐渐执行运输营养成分和水分的任务时，原生导管会逐渐失去它的功能，因此后生导管会对竹类植物的生长造成显著的影响。有关酒竹后生导管直径的测定结果如表4-2所示。

表4-2 不同年龄酒竹后生导管直径

年龄	部位			
	外部/mm	中部/mm	内部/mm	平均/mm
当年生	0.10^a	0.17^b	0.16^b	0.14^a
一年生	0.08^a	0.14^b	0.16^b	0.13^a
二年生	0.08^a	0.12^b	0.14^b	0.11^a

注：相同字母表示差异不显著（$p>0.05$）；不同字母表示差异显著（$p<0.05$）

所有年龄的酒竹后生导管的直径在同一横切面上由外向内逐渐增大。例如，一年生的酒竹秆材外部区域的后生导管的直径为0.08mm，而中部区域的后生导管的平均直径为0.14mm，内部区域的后生导管的直径则高达0.16mm。其他年龄的酒竹的后生导管的形态特征也是如此。同时，随着年龄的增加，后生导管的直径变化并不显著。

4.2.3 讨论

维管束彼此交织连接，构成植物体输导水分、无机盐及有机物的一种输导系统——维管系统，并兼有支撑植物体的作用。其数目、大小和功能直接影响光合产物向籽粒的运转效率及最终产量的形成[19]。节间维管束数目和大小可以影响"源流库"的结构和顺序[20]。深入研究输导组织之间及其汇源的关系，对酒竹育种和采集伤流液具有重要意义。一般而言，禾本科植物茎秆维管束性状与生殖器官关系比较密切[19]。禾本科植物维管束的数量、大小与汇源器官的相关特征具有显著的正相关性。维管束数量多和直径大的品种产量潜力大。本研究结果表明，酒竹的维管束数量较大，弥补了禾本科不存在韧皮部的缺点，与其他竹类植物相比，酒竹的实心竹秆更有利于构成具有"流畅"特点的传导系统。

导管在植物体中主要起输导水分和无机盐的作用。Zimmermann[21]认为，宽导管的输导效率高，但较脆弱，易倒塌；窄导管的输导效率虽低，但抗负压，不易倒塌。宽的导管处于较进化的地位，窄的导管则较原始[22]。导管的直径越大，导管的长度越短，进化程度越高。本试验发现人工栽培酒竹的导管直径中等，但数量多。导管分子长度、导管直径等性状的可塑性较大[23]，结构特性与其立地条件有关。如随着降水量的增加，根状茎和茎中维管束数目、导管直径和维管束直径大体上均呈上升趋势，但是总是在一个合理的范围内变化。本研究表明，墨江的移栽生境和气候与原产地相仿，丘陵地或山地阳坡的酒竹日照强烈，严酷的外界环境致使酒竹表现出适应微生态条件的结构特性：导管数量较多说明耐旱性较强，木质部比例大，几乎没有韧皮部，导管直径较大，所以酒竹的抗寒性并不强。

在以后的研究中，可通过扩大群体繁殖和基因重组使之能出现更多稳定一致、生态适应性强的有利性状，这有利于对酒竹优良性状的挖掘和利用。

4.3 酒竹纤维细胞形态结构特性

竹类植物是传统的造纸原料。近年来，随着中国对纸产品需求的增大及对树木资源的保护，利用竹材造纸已成为保证纸产业持续、稳定发展的重要途径。然而并非所有的竹材均适合造纸，因此有关竹类植物纤维细胞形态等衡量竹种造纸性能标准的测定显得十分重要。竹纤维细胞是竹材的主要组成成分之一，存在于维管束鞘中[24]。整个竹秆由60%的薄壁组织、30%的纤维细胞和10%的输导组织（导管和筛管）组成[25]。不同竹种间的这一比例因维管束类型的不同而略有不同。

酒竹是一种高价值物种，关于竹材材性的系统研究和报道目前还比较少。本节通过对不同年龄、不同节段的竹材纤维细胞构造的比较，总结酒竹的生物学特性，为其生长和定向培育提供基础数据。

4.3.1 酒竹纤维细胞的基本形态

酒竹竹材纤维细胞细长，两端渐尖，有时在端部出现分叉现象，其腔径较小，胞壁较厚。竹材节部的纤维细胞的形态与节间不同，具有钝的尾端，存在分叉现象，有些纤维细胞还有内含物，与节间的纤维细胞比节部短很多。

纤维细胞的长度是衡量竹材造纸性能的一个重要指标。一般来说，在一定范围内，细而长的纤维细胞能增加纸张的强度、耐折度和耐破度，并与撕裂度直接相关。纤维细胞过短，如平均长度小于0.4mm，则不宜用于造纸。由酒竹纤维细胞的基本形态可以看出，酒竹纤维细胞长度为0.218～10.389mm，平均值为1.823mm，主要集中在1.000～2.500mm（占79.307%），两极分布的纤维细胞占极少数（占1.867%），说明酒竹主要以长纤维细胞为主，是造纸的优质原料。

根据测定的结果（见表4-3），纤维细胞宽度为5.100～37.500μm，平均值为16.215μm；纤维细胞长宽比为8.736～1038.960，平均值为122.278；纤维细胞壁厚为1.000～218.400μm，平均值为10.330μm；纤维细胞腔径为0.300～27.500μm，平均值为5.950μm；纤维细胞壁腔比为0.053～99.000，平均值为5.050。

表4-3 酒竹纤维细胞的基本形态

	长度/mm	宽度/μm	长宽比	壁厚/μm	腔径/μm	壁腔比
最小值	0.218	5.100	8.736	1.000	0.300	0.053
最大值	10.389	37.500	1038.960	218.400	27.500	99.000
平均值	1.823	16.215	122.278	10.330	5.950	5.050

4.3.2　不同年龄酒竹纤维细胞的形态变化

影响纤维细胞含量和形态结构特性的因子有很多，其中就包括年龄的影响。本研究对象为不同年龄酒竹之间的差异。年龄分为三个龄级：当年生、一年生和二年生。

由表4-4可见，各组纤维细胞长度的差异显著性概率小于0.05，说明不同年龄的纤维细胞长度存在显著性差异，且一年生＞二年生＞当年生。经过多重比较，酒竹纤维细胞宽度的差异显著性概率都小于0.05，说明不同年龄的纤维细胞宽度存在显著差异。样本的纤维细胞宽度变化由大到小依次为：一年生＞当年生＞二年生。不同年龄酒竹的纤维细胞长宽比的变化存在比较显著的差异（$p<0.05$）。

表4-4 不同年龄酒竹纤维细胞的形态

年龄	长度/mm	宽度/μm	长宽比	壁厚/μm	腔径/μm	壁腔比
当年生	1.687±0.097[a]	15.256±1.006[b]	117.945±2.267[b]	7.829±1.060[a]	7.432±1.253[b]	2.390±0.712[a]
一年生	1.919±0.107[c]	17.790±1.705[c]	114.237±3.150[a]	13.973±2.180[b]	3.828±0.887[a]	8.375±2.621[b]
二年生	1.816±0.079[b]	14.020±0.666[a]	138.077±7.364[c]	7.534±1.290[a]	7.535±0.964[b]	2.859±0.666[a]

注：相同字母表示差异不显著（$p>0.05$）；不同字母表示差异显著（$p<0.05$）

竹材生长过程也是竹纤维细胞壁加厚的过程，纤维细胞壁随细胞的成熟而逐渐增厚，腔径逐渐减小，壁腔比逐渐增大。一年生和二年生纤维细胞壁厚增大比较明显，二年以后趋于稳定[26]。纤维细胞壁的这种快速加厚方式，有利于竹秆早期生长，有效抵御外力。从表4-4中可以看出，纤维细胞壁厚的变化，表明不同年龄对纤维细胞壁厚有一定的影响。当年生纤维细胞壁与二年生差异不显著（$p>0.05$），但两者与一年生样本差异显著（$p<0.05$），纤维

细胞腔径由大到小依次为：二年生＞当年生＞一年生。综合而言，当年生的竹材壁腔比最小，二年生次之，一年生最大。制浆时，纤维细胞壁腔比对纤维细胞的质量影响很大。壁腔比小的纤维细胞原料可压扁性好，能赋予纸张较好的纤维细胞结合强度，成纸质地紧密；反之，纸质疏松，易吸水。

通过比较不同年龄竹材中部纤维细胞形态发现，纤维细胞长度随年龄的增长而增长（见表4-5）；纤维细胞宽度由大到小依次为：一年生＞当年生＞二年生；长宽比由大到小依次为：二年生＞当年生＞一年生；一年生竹材中部纤维细胞壁厚明显大于其他两个年龄竹材；而一年生竹材中部纤维细胞腔径最小，二年生最大；竹材中部纤维细胞壁腔比由大到小依次为：一年生＞二年生＞当年生。多重比较分析发现，不同年龄的酒竹中部竹材纤维细胞形态中，除纤维细胞长度外，其他参数有差异；其中，壁厚和腔径参数表明当年生和二年生差异不显著（$p > 0.05$），但两者与一年生样本差异显著（$p < 0.05$）。而纤维细胞长度的差异不显著是由于纤维细胞是死细胞，在竹类植物幼年时期纤维细胞形成后，随竹材年龄的增长，纤维细胞长度不再发生显著变化。

表4-5　不同年龄酒竹中部纤维细胞的形态

年龄	长度/mm	宽度/μm	长宽比	壁厚/μm	腔径/μm	壁腔比
当年生	1.725±0.187[a]	16.180±1.341[b]	116.601±4.852[b]	6.637±0.066[a]	9.543±2.087[b]	1.939±0.363[a]
一年生	1.856±0.150[a]	19.325±2.007[c]	101.399±6.950[a]	15.392±0.162[b]	3.933±1.363[a]	10.184±2.452[c]
二年生	1.878±0.261[a]	14.535±0.867[a]	140.712±11.330[c]	6.563±0.031[a]	7.972±2.652[b]	3.862±1.076[b]

注：相同字母表示差异不显著（$p > 0.05$）；不同字母表示差异显著（$p < 0.05$）

4.3.3　酒竹纤维细胞形态的轴向及径向变化

为了进一步分析纤维细胞形态变化，选取一年生竹秆轴向第3节作为基部，第10节作为中部，第19节作为上部；选取二年生酒竹第6节，分内、中、外三部分进行同一竹材内的径向比较。

由表4-6可以看出，一年生酒竹竹材纤维细胞长度，以竹秆上部的最大。一年生竹材上部、中部和基部纤维细胞长度差异不显著（$p > 0.05$）。一般而言，同一竹种的纤维细胞宽度在轴向的变化基本上是基部最粗，中部次之，上部最细，这与以往的研究结果（一年生竹材纤维细胞宽度中部最粗，基部次之，上部最细）不同；不同部位竹材纤维细胞宽度变化差异显著（$p<0.05$）。酒竹不同部位的纤维细胞长宽比的差异显著（$p<0.05$）。可见，不同部位的纤维细胞长宽比的差异是比较大的。长宽比越大，对造纸越有利。作为造纸原料，基部的竹材效果比较理想。酒竹不同部位纤维细胞壁厚由大到小依次为：中部＞上部＞基部。多重比较分析表明，不同部位的纤维细胞壁厚轴向变化差异显著（$p<0.05$），上部与中部纤维细胞的壁腔比差异显著（$p<0.05$），而腔径的轴向变化差异并不显著（$p>0.05$）。

表4-6　酒竹纤维细胞形态的轴向变化

部位	长度/mm	宽度/μm	长宽比	壁厚/μm	腔径/μm	壁腔比
上部	1.856±0.187[a]	15.428±1.315[a]	116.079±4.850[b]	14.253±0.086[b]	4.197±1.321[a]	6.510±2.794[a]
中部	1.856±0.150[a]	19.325±2.007[c]	101.399±6.950[a]	15.392±0.162[c]	3.933±1.363[a]	10.184±2.452[b]
基部	1.869±0.216[a]	18.450±0.864[b]	127.929±5.468[c]	12.178±0.143[a]	3.250±1.012[a]	8.412±2.141[ab]

注：相同字母表示差异不显著（$p>0.05$）；不同字母表示差异显著（$p<0.05$）

由表4-7可以看出，二年生酒竹第6节内、中、外部纤维细胞长度由大到小依次为：中间＞外侧＞内侧；纤维细胞宽度为中间最大；长宽比为中间最大，内侧最小。一般而言，秆壁中部纤维细胞长度和宽度均大于秆壁内部和外部纤维细胞，且内壁纤维细胞略大于外壁纤维细胞；而且，较短、较小的纤维细胞出现在秆壁的外层，向里则逐渐加大[24]。本研究结果与以往研究类似。多重比较分析得知，内侧与外侧样本的纤维细胞长度和长宽比差异不显著（$p>0.05$），两者与中间样本有差异（$p<0.05$），而三者的壁厚、腔径、壁腔比和长宽比均有差异。纤维细胞壁厚由外侧逐步向内侧递减；腔径从内侧向外侧减小；壁腔比外侧最大。

表4-7　酒竹纤维细胞形态的径向变化

	长度/mm	宽度/μm	长宽比	壁厚/μm	腔径/μm	壁腔比
内侧	1.587±0.832[a]	14.910±1.036[a]	113.693±7.440[a]	5.007±0.308[a]	9.832±0.636[c]	1.150±0.334[a]
中间	1.924±0.361[b]	16.050±2.227[a]	124.536±4.008[b]	7.715±0.634[b]	8.335±0.724[b]	2.877±0.558[b]
外侧	1.633±0.669[a]	13.998±1.946[a]	120.698±6.953[ab]	10.298±0.558[c]	3.700±0.846[a]	5.624±1.308[c]

注：相同字母表示差异不显著（$p>0.05$）；不同字母表示差异显著（$p<0.05$）

4.4 讨论

目前，关于不同竹种的纤维细胞长度与节间的关系的研究结果各不相同[10,27]，造成这一差异的原因可能是对样本截取部位的认定不同，以及测量过程中存在误差。酒竹纤维细胞形态的轴向变化上，纤维细胞长度的变化规律为：中部＞上部＞基部。这与 Liese[10] 的研究结论类似，即纤维细胞的长度与节间的长度有关。故在筛选适合造纸的竹种时，需要考虑不同竹种节间长度对纤维细胞长度的影响。一般而言，在同一竹种中，纤维细胞宽度在轴向的变化基本上是基部最粗，中部次之，上部最细；但在各种因素影响下进行酒竹纤维细胞形态特征分析，得到的研究结果与前人的研究并不相符。导致此种现象出现的原因可能有：①酒竹竹种的特异性所致；②样本取材观察记录的随机性不够，导致形成系统误差。长宽比大的纤维细胞造的纸撕裂性和强固性好，原料的纤维细胞长宽比应大于35，且数值愈大对造纸愈有利，因此酒竹可作为优质纸张的纸浆原料。同时，在其利用过程中应充分考虑竹材采伐时的年龄及部位，以达到竹材的最大利用率。

竹材的年龄和部位会对酒竹纤维细胞的形态指标造成一定程度的影响。其中竹材的年龄对纤维细胞形态指标造成影响可能主要是由于年龄影响着纤维细胞的发育程度，年龄越大，发育程度就越高，进而影响纤维细胞生理代谢活动、水分含量以及细胞壁木质素等干物质沉积，从而对纤维细胞的长度和壁厚等各项形态指标造成影响。

参考文献

[1] WALTER V B. Leaf anatomy in grass systematics. The Botanical Gazette, 1958, 119(3): 170-178.

[2] 钱领元，方伟. 国产16种竹叶的比较解剖研究. 竹子研究汇刊，1986，5(2): 78-86.

[3] 丁雨龙，赵奇僧. 竹叶结构的比较解剖及其对系统分类的评价. 南京林业大学学报，1994，18(3): 1-6.

[4] 竹内叔雄. 竹的研究. 东京：义贤堂，1932.

[5] GHOSH S S, NEGI B S. Anatomy of Indian bamboos. Trin. Indian Forester, 1960, 86(12): 719-727.

[6] 腰希申，梁景森，麻左力，等. 竹材表皮细胞观察. 竹子研究汇刊，1987，6(3): 38-48.

[7] 温太辉，周文伟．中国竹类维管束解剖形态的研究初报（之二）．竹子研究汇刊，1985，4(1): 281-37.

[8] GROSSER D, LIESE W. On the anatomy of Asian bamboos, with special reference to their vascular bundles. Wood Science and Technology, 1971, 5: 290-312.

[9] 林万涛．几种丛生竹维管束的研究．植物分类学报，1980，18(3): 308-315.

[10] LIESE W. The anatomy of bamboo culms. International Network for Bamboo and Rattan. Technical Report, 1998: 7-99.

[11] 方伟，黄坚钦．17种丛生竹竹材的比较解剖研究．浙江林学院学报，1998，15(3): 225-231.

[12] 熊文愈，乔士义，李又芬．毛竹（*Phyllostachys pubescens* Mazel ex H. de Lehaie）秆茎的解剖构造．植物学报，1980，22(4): 343-348.

[13] 丁雨龙，LIESE W．竹节解剖构造的研究．竹子研究汇刊，1995，14(1): 24-32.

[14] 丁雨龙，樊汝文，黄金生．竹子节部"韧皮部结"的发育与超微结构．植物学报，2000，42(10): 1009-1013.

[15] GHOSH S S, NEGI B S. Anatomy of Indian bamboos. Indian Forester, 1960, 86(12): 719-727.

[16] 胡成华，陈玲，万金荣，等．竹类植物根部解剖的初步观察．竹子研究汇刊，1990，9(2): 11-17.

[17] 赵惠如，龚祝南．竹类叶片的内部解剖与系统演化．南京师范大学学报(自然科学版)，1995，18(4): 102-108.

[18] 丁雨龙，赵奇僧．竹叶结构的比较解剖及其对系统分类的评价．南京林业大学学报，1994，18(3): 1-6.

[19] 徐正进，陈温福，曹洪任，等．水稻穗颈维管束数与穗部性状关系的研究．作物学报，1998，24(1): 47-54.

[20] 黄璜．水稻穗颈节间组织与颖花数的关系．作物学报，1998，24(2): 193-200.

[21] ZIMMERMANN M H. Xylem structure and ascent of sap. Heidelberg: Springer, 1983.

[22] 任海青，刘杏娥，江泽慧．栽植密度对小黑杨人工林木材解剖特性的影响．林业科学研究，2006，19(3): 364-369.

[23] 范泽鑫，曹坤芬，邹寿青．云南哀牢山6种常绿阔叶树木质部解剖特征的轴向和径向变化．植物生态学报，2005，29(6): 968-975.

[24] 周芳纯．竹林培育学．北京：中国林业出版社，1998，178-194.

[25] 王朝晖．竹材材性变异规律及其与加工利用关系．北京：中国林业科学研究院，2001: 36-51.

[26] 邬义明．植物纤维化学．北京：中国轻工业出版社，1997: 70-74.

[27] 夏玉芳，曾静．料慈竹不同年龄纤维形态的研究．竹子研究汇刊，1996，15(1): 45-51.

第 5 章

覆膜技术与各器官
营养元素成分分析

5.1　覆膜技术在酒竹干旱季节移栽与越冬上的应用

竹林造林一直采用传统的带箨母竹移植法，但此法具有运输不方便、成活率低、出笋少、成林慢、苗木来源紧缺等不利因素，最关键的是母竹移栽具有季节性，严重制约着竹产业的发展[1]，而且造林耗水量巨大，水资源浪费严重。在带箨母竹移栽过程中，根系适应和发育状况影响着竹丛营养状况、竹笋产量和品质，故如何保障根系发育和培育发达根系是提高丛生竹移栽成活率和竹丛营养供给效率的基本前提。

中国西南部十分缺水，雨量分布不均匀，尤其是云南省中高山地区，土壤水分蒸发强烈，往往造成春、冬播季节干土层厚、土壤墒情差。故覆膜栽培技术应该受到重视。充分利用有限的天然降水，实施高效节水农业，以抑制土壤水分蒸发，提高土壤含水量，稳定土壤温度，提高土壤肥力，促进作物生长，是此地区农业可持续发展的必由之路。我们以土壤养分，特别是酒竹母竹移栽越冬期间土壤铵态氮（NH_4^+-N）和硝态氮（NO_3^--N）含量的变化特性为主要研究对象，通过探索性的试验以寻求经济、实用、快速的酒竹母竹移栽繁殖方法，并提供有效利用该区有限的水、氮肥资源的科学依据，以期为中国西南部中高山地区丘陵酒竹的移栽、保水及高产栽培提供重要数据。

5.1.1　材料与方法

1. 试验材料

4月初（距雨季约30天）掘取酒竹带箨母竹58株，运输至云南墨江土地塘种植基地进行栽种。地上部分高1～2m，穴深0.5m，每穴1m×1m，穴距

5m，钩梢，留2～3盘枝。按照育苗要求进行圃地整地作床，移栽前10天每穴施入腐熟栲胶渣10kg，松土。

2. 试验方法

试验设栽培模式包括常规对照（裸地无灌溉）、覆膜、覆草（割刈杂草与少量秸秆3～5kg/株），处理株数分别为18、30和10株。为了适应墨江旱季温差大、少雨的气候特点，降温保苗灌水一次，以后为自然降水，7天后覆膜、覆草。

处理后30天（进入雨季前）揭膜、揭草，按0～10cm和10～20cm两层分开，采集常规对照、覆膜、覆草三种模式下土样，每区采2～3个样构成混合样，测定土壤含水量。

雨季接近结束时（10月底）施肥，施用48%硫钾型复合肥（含氮量15%），每株沟施0.25kg，覆土。12月底进入旱季中期和气温下降后，对前移栽母竹再进行相同的处理。第2年2月底选择晴天揭膜、揭草，操作同上。并将常规土温测量器埋于土层中，于8：00—9：00测定土壤温度（5cm和15cm两层，取平均值），以及NH_4^+-N、NO_3^--N含量，笋量，笋高，笋基径，第六盘、第九盘和顶盘的枝数、叶片数和冠幅。

将土壤中的水分烘干（105℃烘至恒重）。NH_4^+-N和NO_3^--N含量的测定方法为：称5.0g鲜土，加50mL 1mol/L KCl溶液浸提，振荡1h，过滤，浸提液于−4℃冰箱保存，测定前解冻浸提液，与室温平衡后利用连续流动分析仪测定，每个土样重复2次[2]。

5.1.2　结果与分析

结果表明，4月酒竹移栽后覆膜和覆草，1个月后对土壤水分含量有较大影响（$p<0.05$）（见图5-1）。覆膜栽培模式下，0～10cm土壤层的平均含水量是对照的226.96%、覆草的148.15%，10～20cm土壤层的平均含水量是对照的214.15%，说明覆膜很大程度上可以增加土壤含水量，为雨季前酒竹移栽提供必要的技术保障。随着土壤层的深入，不同栽培模式的土壤含水量都略有增加（见图5-1）。雨季后，覆膜、覆草对冬季的土壤水分含量也有很大影响（$p<0.05$）。覆膜栽培模式下，平均土壤含水量是对照的212.15%，可以满足酒竹越冬的水分要求。

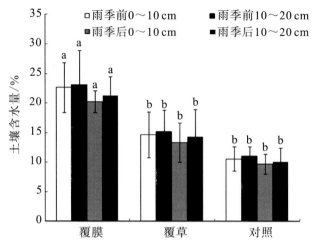

图5-1　不同栽培模式下的土壤含水量比较

注：相同字母表示差异不显著（$p>0.05$）；不同字母表示差异显著（$p<0.05$）

不同栽培模式下土壤平均温度由大到小依次为：覆膜＞覆草＞对照。这说明覆膜和覆草可以提高土壤温度，其中覆膜效果更佳，相比对照而言，平均增加2.11℃（见图5-2），可以满足酒竹越冬的温度要求。

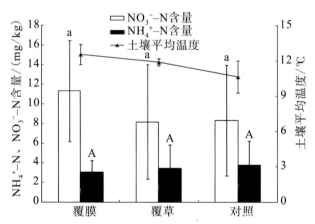

图5-2　不同栽培模式下的NH_4^+-N、NO_3^--N含量和土壤平均温度比较

注：相同字母表示差异不显著（$p>0.05$）；不同字母表示差异显著（$p<0.05$）

不同栽培模式下土壤矿质氮的测定结果发现，土层中NO_3^--N平均含量变化大，主要表现为覆膜＞对照和覆草；覆膜栽培模式与其他两种栽培模式相比，差异显著；而覆草模式与对照差异不显著（见图5-2），说明覆草对土壤

NO_3^--N含量影响有限。

土壤NH_4^+-N变化程度不大（见图5-2）。覆膜模式下NH_4^+-N含量平均为3.21mg/kg；覆草模式下NH_4^+-N含量平均为3.47mg/kg；对照模式下NH_4^+-N含量相对较高，平均为4.03mg/kg。这说明土壤NH_4^+-N含量不随栽培模式变化，土壤NH_4^+-N含量变异小，可能与旱地土壤通气状况良好、土壤硝化作用能力强、施入土壤中的氮肥或土壤有机质矿化的NH_4^+-N在水热适宜条件下转化成NO_3^--N有关[2,3]。

不同模式下冬季出笋量差异明显；对照模式下没有笋萌发；出笋量、出笋高度和笋基径由大到小依次为：覆膜＞覆草＞对照（见表5-1）。第六盘、第九盘枝数、叶片数表现为覆膜模式较其他两种模式明显具有良好的生长优势，而覆草模式与对照差异不显著（$p>0.05$）。覆膜模式的冠幅与对照则具有差异（$p<0.05$）。

表5-1　不同栽培模式下的参数比较

栽培模式	出笋量/支	笋高/m	笋基径/cm	第六盘		第九盘		冠幅/（100cm²）
				叶片数/片	枝数/支	叶片数/片	枝数/支	
覆膜	0.61±0.31[b]	0.47±0.22[b]	4.77±1.49[b]	284.63±88.51[a]	14.46±5.13[a]	293.71±107.21[a]	15.13±5.94[a]	394±53[b]
覆草	0.33±0.27[b]	0.25±0.16[b]	3.52±1.12[b]	197.31±35.09[a]	9.36±3.27[a]	245.77±88.36[a]	10.77±4.08[a]	307±61[ab]
对照	0.00±0.00[a]	0.00±0.00[a]	0.00±0.00[a]	209.78±42.16[a]	10.05±4.69[a]	251.48±62.90[a]	12.11±3.79[a]	240±37[a]

注：相同字母表示差异不显著（$p>0.05$）；不同字母表示差异显著（$p<0.05$）

5.1.3　讨论

地膜或杂草覆盖具有蓄水保墒的作用，能抑制土壤水分蒸发，增强作物蒸腾和生长势，增加作物产量，提高水分利用效率[4]。对于酒竹雨季前移栽和越冬而言，覆膜栽培模式可以最大程度上提供酒竹根系吸收的水分，同时有利于减少树盘内水分蒸发，提高地温，加快根系伤口愈合和新根产生[3]，令水分和温度可以达到出笋的要求，保证酒竹繁育的顺利进行。虽然酒竹生长的最低极限温度可以在$-1℃$[5]，但是根据已有的栽培试验[6]，酒竹在$2\sim3℃$时已经出现难以维持有效的生命活动的现象，且墨江栽培酒竹基地平均温度为12.6℃，故相对于酒竹原产地（冬季平均23.5℃）而言，很有必要在冬季进行覆膜栽培。

矿质氮是土壤最重要的氮素指标之一。作物生长过程中需要消耗NO_3^--N。覆草模式的秸秆分解时微生物需要消耗一部分氮素，可能是这一模式下土壤NO_3^--N含量低的另一原因[3]。本试验中覆膜模式下土壤NO_3^--N含量较高可能是因为多数酒竹竹丛尚未出笋，亦有可能与土壤温度低，影响土壤硝化作用有关。亦有学者认为随着作物生长与降水量、温度、微生物活动、其他环境因素的变化，NO_3^--N时空变异很大。

覆膜和覆草增加了酒竹生根、分蘖和出笋的概率，对无性繁殖有较大影响，促进了顶端优势。如第9盘叶片数、枝数和竹丛冠幅的增加，有效提高了光合效率，可以促进作物地上部各器官干物质的积累。这同时也说明酒竹作为一种丛生竹，对环境因素的变化，如地温和土壤含水量的响应比较明显，可塑性较强，其开发前景广阔。

因此，采用以保水、节水和集水等为核心的不同覆盖技术措施，可以改善酒竹生物学特性，提高经济效益和生态效益等，是令酒竹这一特殊利用价值物种可持续繁育的重要途径。

5.2 覆膜对酒竹笋营养元素与成分的影响

对竹笋营养成分的系统研究直到20世纪80年代才见报道。如黄甜竹（*Acidosasa edulis*）笋的综合指标与水竹（*Phyllostachys heteroclada*）笋相似[7]，都处于较高水平，高于毛竹（*Ph. edulis*）笋，特别是蛋白质含量比优质的绿竹（*Dendrocalamopsis oldhami*）笋高6.40%，脂肪含量在所列竹种的笋中最低，钙含量又是所列竹种的笋中最高的。水竹笋含有丰富的蛋白质和无机元素[8]。其中，蛋白质含量高达4.00%，是毛竹笋和雷竹（*Ph. praecox*）笋的近2倍；无机元素的含量为1.12%～1.21%，较毛竹笋、雷竹笋等都要高，是一种高磷蔬菜。中国笋加工产业发达，产品种类繁多，加工工艺复杂，市场前景是非常广阔的。刘耀荣等[9]首先对中国11个竹种的竹笋进行了营养成分的系统比较研究，发现竹笋富含氨基酸，其中人体必需氨基酸占氨基酸总量的33.27%～36.30%，钾、钙、磷、锌、铁等矿质元素亦相当丰富，此外还有脂肪、糖类、有机酸、胡萝卜素、维生素 B1、维生素 B2等多种营养成分。

经过4年的引种栽培，实地调查发现，与邻近勃氏甜龙竹（*Dendrocalamus brandisii*）笋、马来甜龙竹（*D. asper*）笋、麻竹（*D. latiflorus*）笋相比较，笋横锥大象（*Cyrtotrachelus buqueti*）、笋直锥大象（*C. longimanus*）和巨红蝽（*Macroceroea grandis*）特别喜食酒竹笋。这是由于大多数昆虫对特定植物激素或者次生代谢产物有趋向性。酒竹的另一个特性是具有独特且巨大的开发潜力。随着人们对绿色生态食品的日益关注，特别是随着全竹加工利用的倡导，更有必要对经济类、能源利用型竹种的竹笋进行系统性评估。

鉴于此，我们对覆膜前后酒竹笋的营养元素和成分进行了较系统的测定和分析，比较了酒竹笋与毛竹春笋、厚壁毛竹（*Ph. edulis* 'pachyloen'）笋和勃氏甜龙竹笋的营养价值，为酒竹在中国西南干旱区的保护利用和培育高产优质酒竹笋提供理论依据，同时为竹种推广及产品合理开发提供科学依据。

5.2.1 材料与方法

于云南墨江土地塘种植基地移栽酒竹时，每株每穴施腐熟栲胶渣10kg，株行距5m×5m。栽培模式包括常规对照（裸地无灌溉）和覆膜。雨季接近结束时（9月底）施肥，施用48%硫钾型复合肥（含氮量约15%），每株沟施0.25kg，覆土。12月进入旱季和气温下降后，对母竹进行覆膜处理。第2年2—3月选择晴天早上揭膜，由于对照模式下与覆膜模式下的出笋时间不同，故根据母竹周围地表土壤的拱纹采笋，于"螺丝钉"处截取[9]，选择长8～15cm的酒竹笋为测试样本，装入冰盒，带回实验室，在5℃的冰箱中储存，24h内处理分析。

每种栽培模式下各取3株笋样，取笋体中部充分混匀后，按《蜂蜜中钾、磷、铁、钙、锌、铝、钠、镁、硼、锰、铜、钡、钛、钒、镍、钴、铬含量的测定方法 电感耦合等离子体原子发射光谱（ICP-AES）法（GB/T 18932.11-2012）》测量营养元素［氮（N）、磷（P）、钾（K）、硫（S）、钙（Ca）、镁（Mg）、铁（Fe）、锌（Zn）、铜（Cu）和锰（Mn）］含量，按《食品中水分的测定（GB/T 5009.3-2003）》《食品中灰分的测定（GB/T 5009.4-2003）》《食品中蛋白质的测定（GB/T 5009.5-2003）》《食品中脂肪的测定（GB/T 5009.6-2003）》《食品中还原糖的测定（GB/T 5009.7-2003）》《植物食品中粗

酒竹的栽培与利用

纤维的测定（GB/T 5009.10–2003）》分别测量水分、灰分、蛋白质、粗脂肪、总糖、粗纤维含量，按《高粱单宁含量的测定（GB/T 15686–1995）》测量单宁含量，重复3次，计算各栽培模式间的差异。同时，每种栽培模式下另各取5株笋样，取笋体中部充分混匀后，以四分法取样，在130℃±2℃下杀青10min，再用真空干燥机在60℃±1℃的温度下烘干，然后粉碎，过60目筛待用，利用日立835-50型自动分析仪测定游离氨基酸含量。

5.2.2 结果与分析

1. 不同栽培模式下的酒竹笋营养元素分析

营养元素含量是评价蔬菜品质的重要指标[10]。从表5-2可看出，不同栽培模式下，酒竹笋营养元素的含量大致趋同，为N＞K＞P＞S＞Ca＞Mg＞Fe＞Zn＞Mn＞Cu；覆膜栽培模式下，大量元素N、P、K占酒竹笋营养元素总量的93.53%，而对照栽培模式下为94.35%；两种栽培模式下，N和P的含量有差异（$p<0.05$），而K含量则没有差异；微量元素S、Ca和Mg的含量较高，覆膜栽培模式下，三者总量占微量元素的90.59%，而对照栽培模式下则为91.19%；微量元素中，除了S和Cu差异不显著，其他如Ca、Mg、Fe、Zn和Mn都有显著差异（$p<0.05$）。这表明覆膜栽培对酒竹笋营养元素的积累具有明显的影响。两种栽培模式下，与勃氏甜龙竹笋相比，酒竹笋大量元素N和K含量大，P含量相近；微量元素如Ca、Mg、Fe、Zn和Mn含量的数量级相等，而Cu含量则高一个数量级[11]。

表5-2 不同栽培模式下的酒竹笋营养元素含量

营养元素类型	营养元素含量/（mg/kg）	
	覆膜	对照
氮	3466.00±112.30[a]	3851.00±87.26[b]
磷	334.00±25.40[a]	256.10±33.70[b]
钾	3056.50±208.74[a]	2935.00±162.30[a]
硫	176.20±16.80[a]	180.00±29.40[a]
钙	134.00±11.70[a]	101.70±9.30[b]
镁	119.70±10.30[a]	103.00±7.50[b]
铁	23.30±3.60[a]	19.80±1.96[b]

续表

营养元素类型	营养元素含量/（mg/kg）	
	覆膜	对照
锌	9.20 ± 2.60^a	6.13 ± 1.2^b
铜	4.02 ± 0.16^a	3.80 ± 0.33^a
锰	8.13 ± 3.55^a	7.40 ± 2.90^b

注：相同字母表示差异不显著（$p > 0.05$）；不同字母表示差异显著（$p < 0.05$）

2. 不同栽培模式下的酒竹笋常规营养成分分析

蛋白质是动物生长发育最重要的物质基础；脂肪不仅是重要的代谢物质，而且是供能的物质基础；粗纤维和灰分都是评价食品营养的主要参考因子；糖分是笋体呈味物质，单宁是多酚类高度聚合的化合物，糖分与单宁都是营养和口感的重要指标。通过测定，两种栽培模式下，酒竹笋的含水率分别为90.20%和89.76%（见表5-3），与毛竹笋、厚皮毛竹笋的含水率相似[12]，但小于勃氏甜龙竹笋[11]；灰分含量分别为6.80%和7.03%，蛋白质含量分别为1.29%和1.12%，都略小于毛竹笋、厚皮毛竹笋和勃氏甜龙竹笋[11,12]；粗脂肪含量分别为3.11%和3.17%，明显大于毛竹笋、厚皮毛竹笋和勃氏甜龙竹笋[11,12]；粗纤维含量分别为1.41%和1.03%，覆膜栽培模式下与毛竹笋、厚皮毛竹笋和勃氏甜龙竹笋相当，但对照栽培模式下含量则明显较小[11,12]。酒竹笋中含有丰富的糖分，两种栽培模式下，总糖含量分别为3.07%和2.65%，明显大于勃氏甜龙竹笋[11]；单宁含量分别为0.038%和0.032%，远小于顾小平等研究的11种散生竹笋的单宁含量[13]，这是酒竹笋味美的一大原因。从表5-3可以得到，不同栽培模式下，酒竹笋的水分含量差异不显著；灰分、粗脂肪和单宁含量也不存在差异；与之相反，蛋白质、总糖和粗脂肪含量差异显著（$p < 0.05$），说明覆膜栽培对蛋白质、总糖和粗纤维的积累产生影响。

表5-3 不同栽培模式下的酒竹笋常规营养成分含量

营养成分类型	营养成分含量/%	
	覆膜	对照
水分	90.20 ± 2.33^a	89.76 ± 3.96^a
灰分	6.80 ± 2.27^a	7.03 ± 1.27^a

续表

营养成分类型	营养成分含量/%	
	覆膜	对照
蛋白质	1.29±0.33[a]	1.12±0.28[b]
粗脂肪	3.11±0.72[a]	3.17±0.55[a]
总糖	3.07±0.52[a]	2.65±0.38[b]
粗纤维	1.41±0.34[a]	1.03±0.11[b]
单宁	0.04±0.01[a]	0.03±0.00[a]

注：表中A和B表示不同栽培模式下的差异，$p < 0.05$

3. 不同栽培模式下的酒竹笋氨基酸分析

表5-4列出了两种栽培模式下酒竹笋的氨基酸含量。覆膜栽培模式下的酒竹笋氨基酸总量（1.30%）明显比对照（1.04%）高，与毛竹春笋相当[12]。覆膜栽培模式下，Asp（天冬氨酸）、Thr（苏氨酸）、Ser（丝氨酸）、Glu（谷氨酸）、Gly（甘氨酸）、Cys（胱氨酸）、Met（蛋氨酸）、Ile（异亮氨酸）、Leu（亮氨酸）、Tyr（酪氨酸）、Phe（苯丙氨酸）、Lys（赖氨酸）、Arg（精氨酸）、Pro（脯氨酸）和GABA（γ-氨基丁酸）的含量均高于对照；相反，Ala（丙氨酸）、Val（缬氨酸）、His（组氨酸）和Trp（色氨酸）4种氨基酸的含量小于对照。酒竹笋中含有8种人体必需氨基酸：Thr、Val、Lys、Leu、Phe、Trp、Met和Ile。在覆膜栽培模式下，此类氨基酸约占氨基酸总量的33.80%，对照则为36.54%；特殊氨基酸GABA是由谷氨酸衍生而来，是传递神经冲动的化学介质[14]，在覆膜栽培模式和对照栽培模式下，分别占氨基酸总量的2.31%和1.92%。Asp及Glu在一定pH范围内具有鲜味[8,10]，从测定结果可知，酒竹笋中含有大量的Asp和Glu，两种栽培模式下其含量分别为0.23%和0.18%、0.21%和0.17%，与毛竹春笋的含量相当[12]。

表5-4 不同栽培模式下的酒竹笋氨基酸含量

氨基酸类型	氨基酸含量/%		氨基酸类型	氨基酸含量/%	
	覆膜	对照		覆膜	对照
天冬氨酸	0.23	0.18	亮氨酸	0.08	0.06
苏氨酸	0.05	0.04	酪氨酸	0.04	0.02
丝氨酸	0.08	0.06	苯丙氨酸	0.04	0.03

氨基酸类型	氨基酸含量/%		氨基酸类型	氨基酸含量/%	
	覆膜	对照		覆膜	对照
谷氨酸	0.21	0.17	赖氨酸	0.09	0.06
甘氨酸	0.06	0.04	组氨酸	0.01	0.02
丙氨酸	0.06	0.08	精氨酸	0.05	0.04
胱氨酸	0.03	0.01	脯氨酸	0.06	0.02
缬氨酸	0.04	0.05	γ-氨基丁酸	0.03	0.02
蛋氨酸	0.03	0.05	色氨酸	0.05	0.06
异亮氨酸	0.06	0.03	氨基酸总量	1.30	1.04

5.2.3 讨论

土壤利用类型与质量对竹笋的营养元素和成分有决定性的影响[8,14,15]。云南省中高山地区土壤水分蒸发强烈，往往造成春、冬播季节干土层厚、土壤墒情差[16]。研究表明，覆膜栽培技术可以提高旱季移栽（带篼母竹）酒竹林土壤的水分含量，加快根系伤口的愈合和新根的产生；还可以提高土壤冬季平均温度，使枝、叶数量及冠幅面积增加[17]。试验研究表明，相对于对照栽培模式，覆膜栽培模式对酒竹笋大量元素 N、P 及微量元素 Ca、Mg、Fe、Zn、Mn 的吸收都有正面效应，这与覆膜栽培可以不同程度地增加土壤有效营养元素有关[18]。虽然长期覆膜栽培加剧土壤中 Zn、Cu 和 Mn 各形态的消耗，但可以满足植物生长的需要。本试验结果与覆盖雷竹笋用林的相关研究结果相左[15]，原因可能是雷竹笋用林土壤变性、衰退而引起雷竹笋品质、数量下降[19]；而本试验在种植基地土壤上使用薄膜覆盖，能保墒、加快根系伤口的愈合和新根产生、提高冬季土壤平均温度[17]，这些都可在土壤质量稳定的条件下成为加快分生组织吸收养分的前提。此外，施用的肥料类型（栲胶渣）也与营养元素的吸收有关；土地初始利用状态也影响了酒竹母竹的营养吸收。对于越冬保水而言，短期覆膜栽培对酒竹的生长发育更有意义。

酒竹笋的营养元素比较丰富，其矿物元素含量具有利于维持机体的酸碱平衡及正常血压的高钾低钠的特点。除了表 5-2 所列元素外，酒竹笋中还检出了其他几种微量元素，如 Si、Mo、Cr、V、Co、Se 等。微量元素 Mg、Ca、Fe、

Mn和Zn含量与勃氏甜龙竹笋在数量级上相同，但Cu含量却大相径庭[11]。两种栽培模式下Cu含量均较高是因为种植基地土壤所使用的水来自蓄水池（体积约400m³），在其中养鱼时大量使用了硫酸铜进行鱼种药浴和控制有害藻类；但是两种栽培模式下的Cu含量仍然在《食品中铜限量卫生标准（GB 15199-1994）》规定的范围内（≤10mg/kg）。

与毛竹春笋、厚壁毛竹笋和勃氏甜龙竹笋比较，两种栽培模式下，酒竹笋的粗脂肪和总糖含量都较高。激素、氨基酸和土壤养分与农作物产量有着密切的关系[15,19]。本试验发现，酒竹笋氨基酸含量普遍较低，覆膜栽培模式下为1.30%，对照栽培模式下为1.04%。这可能是因为引种时间较短，酒竹尚处于调节状态中：原产地出笋时间为雨季（5月），而引种地无论是墨江（5月左右进入雨季），还是杭州（冬季不出笋）、元江（5月左右进入雨季）、广宁（3月左右进入雨季）都是经年出笋，全年只要在合适的条件下酒竹出笋造成了大量营养物质的消耗和生理活动的紊乱。酒竹笋中的人体必需氨基酸种类齐全，与云南12种竹笋普遍缺乏含硫氨基酸不同[12]；两种栽培模式下，酒竹笋样品中均检测出Cys（胱氨酸）。影响竹笋营养成分的因素较多，气候条件、采笋时期、采笋母竹年龄、母竹或竹箓发笋、林分造林年度以及土壤类型等都对竹笋营养成分有较大的影响[9]。另外，采集笋样品的个体质量、笋高、基围的大小均会对测量结果产生一定的影响[12,20]。本试验两种栽培模式下，在笋高没有差异的前提下，基径存在着明显的差异（$p<0.01$）：覆膜栽培模式下为6.33cm±0.97cm，而对照栽培模式下则为4.27cm±0.54cm。这表明不同栽培模式下不同的个体生长发育期导致了营养成分含量的差异。

在同等条件下，覆膜栽培可以提早出笋和提高质量，如促进矿质元素的吸收及提高蛋白质、粗脂肪、总糖、粗纤维和多种氨基酸含量等。酒竹笋风味独特，其丰富的微量元素具有多种生理功能，对维持机体正常代谢及保持身体健康具有重要作用。酒竹笋作为一种新型的绿色保健食品，具有很好的开发利用价值。酒竹为非洲特有竹种，其小生境较为独特，受人为破坏严重，处于濒危状态，已被列为特殊种质资源保护植物，故当前应切实加强酒竹的种质资源保护和开发利用工作。

5.3 根、茎、枝、叶的微量元素与营养成分

经过4年的引种栽培和实地调查发现：与邻近勃氏甜龙竹林、马来甜龙竹林、麻竹林相比较，笋横锥大象、笋直锥大象和巨红蝽除了特别喜食酒竹笋外，还喜食酒竹一年生新秆和幼嫩新叶；云南元江种植基地的牛和山羊亦较喜食酒竹幼嫩枝、叶；酒竹枝、叶更容易成为一般观赏蝶类和赭翅双叉端环野螟（*Eumorphobotys obscuralis*）、华竹毒蛾（*Pantana sinica*）、鱼尾竹环蝶（*Stichophthalma howqua*）、蒙链眼蝶（*Neope muirheadii*）等害虫的宿主；酒竹枝与秆常为山竹缘蝽（*Notobitus montanus*）、黑竹缘蝽（*Notobitus meleagris*）所危害。这可能与酒竹各器官的营养成分有关。

微量元素和营养成分对动物及人类的健康、成长、繁衍及寿命等具有密切的关系[10]。在当前"全竹利用"和"以竹代木"理念的倡导下，亟待对经济类、能源利用型的竹种的各个器官进行系统性评估。通过对酒竹根、茎、枝、叶的微量元素和营养成分的研究为该竹种资源的保护和合理的开发利用提供理论依据，了解其不同器官和不同年龄的变化规律，为酒竹科学施肥和营养生理研究提供参考，为合理开发其饲用价值提供科学依据。

5.3.1 材料与方法

云南墨江种植基地移栽种植时，每株每穴施腐熟栲胶渣10kg，株行距5.0m×5.0m。当年雨季接近结束时（9月底）施肥，施用48%硫钾型复合肥（含氮量约15%），每株沟施0.25kg，覆土。第二年雨季结束后采样，按一年生、二年生采集不同的器官：箬、茎、枝、叶的样本，其中茎为第6～9节，枝为第6～9节的一级枝，叶为第6～9节一级枝顶端的3～5片叶，采集一定量的样本，混合均匀，装入冰盒，带回实验室，在5℃的冰箱中储存，24h内处理分析。按《蜂蜜中钾、磷、铁、钙、锌、铝、钠、镁、硼、锰、铜、钡、钛、钒、镍、钴、铬含量的测定方法　电感耦合等离子体原子发射光谱（ICP-AES）法（GB/T 18932.11–2012）》测量营养元素［氮（N）、磷（P）、钾（K）、硫（S）、钙（Ca）、镁（Mg）、铁（Fe）、锌（Zn）、铜（Cu）和锰（Mn）］含量，按《食品中水分的测定（GB/T 5009.3–2003）》《食品中灰分的测定（GB/T 5009.4–2003）》《食品中蛋白质的测定（GB/T 5009.5–2003）》《食品中还原糖

的测定（GB/T 5009.7–2003）》《食品中淀粉的测定（GB/T 5009.9–2003）》《植物食品中粗纤维的测定（GB/T 5009.10–2003）》分别测定水分、灰分、蛋白质、总糖、总淀粉、粗纤维含量。

5.3.2　结果与分析

竹类植物生长主要依靠竹鞭的生长，由鞭芽分化萌发成竹笋，再生长成竹株，主要通过无性繁殖不断产生新的个体而成竹株。酒竹也是如此。不同器官在酒竹生命活动中所起的作用不同，因此，分析不同年龄竹株及不同器官的营养元素分布、积累的变化，有利于人们更好地利用酒竹这类特殊的竹类资源。

1. 不同年龄酒竹各器官营养元素分析

由表5-5可知，除了Mn以外，当年生笋的营养元素含量均高于一年生笋；而当年生茎仅K、S含量高于一年生茎，其余7种元素含量均低于一年生茎；当年生枝只有P、K、Fe含量高于一年生枝，其余6种元素含量均低于一年生枝；当年生叶的P、K、S、Mg、Fe、Zn含量均高于一年生叶，而当年生叶的Ca、Cu、Mn含量则低于一年生叶。一年生笋、枝和叶的P和Fe含量均低于当年生笋、枝和叶，但茎则相反；一年生各器官的K含量均小于当年生各器官；一年生各器官的Mn含量均大于当年生各器官；一年生茎、枝和叶的Ca、Cu含量均高于当年生茎、枝和叶，笋则相反；一年生笋和叶的Mg、Zn含量低于当年生笋和叶，茎和枝则相反；一年生笋、茎和叶的S含量低于当年生笋、茎和叶，枝则相反。由此可见，不同元素在不同器官中的含量变化规律不同，说明不同元素在酒竹体内代谢、累积的方式不同。

表5-5　当年生、一年生酒竹笋、茎、枝、叶的营养元素含量

营养元素类型	营养元素含量／（mg/kg）			
	当年生笋	一年生笋	当年生茎	一年生茎
磷	2300.0±110.3	2010.0±45.2	1201.0±22.1	1500.0±54.3
钾	7069.0±362.1	2200.0±103.1	6511.0±350.2	4400.0±185.9
硫	1213.0±43.6	1007.0±50.3	667.0±130.2	500.0±120.3
钙	630.7±10.7	330.0±25.7	207.1±5.8	490.0±6.8
镁	1309.0±30.6	940.0±33.3	453.0±10.3	660.0±5.7

营养元素类型	营养元素含量/（mg/kg）			
	当年生笋	一年生笋	当年生茎	一年生茎
铁	1855.0±8.6	603.0±14.2	60.3±1.9	95.2±0.8
锌	51.4±1.3	21.4±1.5	13.3±0.9	16.1±0.7
铜	24.9±0.3	6.6±0.3	7.5±0.2	38.5±0.9
锰	50.1±4.2	104.0±5.2	3.0±0.6	21.5±2.2

营养元素类型	营养元素含量/（mg/kg）			
	当年生枝	一年生枝	当年生叶	一年生叶
磷	2209.0±103.7	2100.0±39.6	3123.0±120.3	2407.0±76.6
钾	15500.0±299.6	9900.0±189.1	19107.0±300.8	11273.0±408.9
硫	1400.0±118.3	2600.0±102.7	2733.0±244.5	2100.0±113.7
钙	1431.0±57.7	6800.0±215.9	3312.0±67.7	8588.0±221.1
镁	1617.0±71.5	2900.0±88.7	1807.0±107.8	1300.0±67.8
铁	306.0±11.9	252.0±63.8	442.0±66.9	229.0±32.3
锌	37.7±7.5	50.9±18.6	48.4±11.3	25.3±2.36
铜	12.2±3.8	45.9±11.7	18.5±4.4	41.5±9.98
锰	57.8±5.5	461.0±33.3	107.0±25.1	394.0±27.5

植物生长过程中各器官所起的作用各不相同，因而对营养元素的需要量也各不相同，使得各器官营养元素的含量存在着明显的差异[21]，酒竹各器官营养元素的含量也存在差异。当年生酒竹的K、S、Ca、Mg、Mn含量均是叶＞枝＞笋＞茎，Fe、Zn、Cu含量均是笋＞叶＞枝＞茎，P含量则是叶＞笋＞枝＞茎。由此可知，当年生酒竹的茎元素含量是最低的；而一年生酒竹各器官除了Fe含量与当年生一致外，各器官中其余各元素含量的大小排序均有变化，不过都是叶、枝大于笋、茎。由于酒竹各器官在生命过程中所起的作用不同，各器官的营养元素的分布和积累也有差异。

2. 不同年龄酒竹各器官营养成分分析

由表5-6可知，当年生各器官的水分含量均高于一年生各器官；当年生笋的灰分、蛋白质和粗纤维含量均高于一年生笋，而当年生笋的总淀粉和总糖含量则低于一年生笋；当年生茎的灰分和总糖含量低于一年生茎，当年生茎的蛋白质和粗纤维含量则高于一年生茎；当年生枝的灰分、蛋白质和总糖含量低于一年生枝，当年生枝的粗纤维含量则高于一年生枝；当年生叶的灰分、总糖和粗纤维含量低于一年生叶，当年生叶的总淀粉含量则高于一年生叶。

表5-6　当年生、一年生酒竹笋、茎、枝、叶营养成分含量

营养成分类型	营养成分含量/%			
	当年生笋	一年生笋	当年生茎	一年生茎
水分	50.60±1.38	19.3±1.32	45.60±4.32	15.68±2.73
灰分	6.20±1.27	2.70±0.54	1.90±0.50	2.10±1.01
蛋白质	9.28±0.83	7.64±0.88	5.65±0.38	3.92±0.25
总淀粉	16.26±0.92	33.26±0.56	—	15.03±0.55
总糖	2.14±0.25	7.23±0.33	0.94±0.21	5.44±0.47
粗纤维	36.90±0.74	22.05±1.21	64.33±1.53	46.68±0.65
营养成分类型	营养成分含量/%			
	当年生枝	一年生枝	当年生叶	一年生叶
水分	67.40±17.31	20.37±6.39	46.60±18.30	16.83±5.38
灰分	8.00±2.04	13.10±3.32	7.70±2.24	13.60±3.71
蛋白质	9.45±1.77	18.70±4.11	23.60±8.36	14.70±3.55
总淀粉	—	—	—	—
总糖	2.20±0.85	3.55±0.78	1.71±0.51	4.05±1.78
粗纤维	37.30±12.2	25.44±5.66	24.28±9.73	27.39±11.27

枝、叶的灰分和蛋白质含量均大于笋、茎；当年生各器官的总糖含量是枝＞笋＞叶＞茎，一年生则是笋＞茎＞叶＞枝；而当年生各器官的总纤维含量则是茎＞枝＞笋＞叶，一年生则是茎＞叶＞枝＞笋。

5.3.3　讨论

植物体的营养元素含量主要决定于植物的种类和品质。了解植物体营养元素含量对掌握该植物营养状况，从而科学合理地利用植物资源具有十分重要的意义[22,23]。从不同年龄酒竹的不同器官的营养元素含量及营养成分分析结果看，酒竹体内P、K、S、Ca、Mg、Fe等元素含量均比较高，Zn、Cu、Mn含量较低。与毛竹相比，酒竹枝的P、K、Ca、Mg含量均大于毛竹，酒竹叶和茎的P、Ca和Mg含量均大于毛竹，而叶和茎的K含量则小于毛竹，表明

酒竹生长需肥量比毛竹生长需肥量大，有更大的增产潜力。

酒竹不同器官的营养元素的分布情况基本为：代谢旺盛的竹叶和竹枝中元素积累最多；茎代谢活动较弱，元素积累量较少。这与其他竹类的含量变化规律基本一致[24]。通过对不同年龄各器官营养元素和成分进行分析，可以发现：当年生酒竹是割刈的主要对象。对于酒竹而言，采集其伤流液时主要是对茎秆进行割刈，而本试验数据表明，割刈行为并不会对酒竹造成很大伤害，移走的大多为碳水化合物，可以考虑割刈时留下枝、叶，因为枝、叶的营养元素含量较高，这样可避免较高强度地破坏土壤—植物循环体营养元素的循环。

以往竹类植物的利用主要是竹笋供食用和竹秆供建筑用，而大量的竹叶被白白浪费了。竹叶的药用价值早在《本草纲目》中已有记载[25]。与休宁倭竹新叶相比，酒竹叶中粗纤维（酒竹：27.39%，休宁倭竹：24.64%）、灰分（酒竹：13.6%，休宁倭竹：5.99%）、粗蛋白质（酒竹：14.7%，休宁倭竹：2.22%）、多糖（酒竹：4.05%，休宁倭竹：0.411%）等含量均较高，营养成分丰富，故其作为天然保健食品开发前景良好。

参考文献

[1] 李伟成,盛碧云,王树东,等.毛竹种子萌发对温度和光照的响应.竹子研究汇刊,2007, 26(4): 26-29.

[2] 关维刚,周建斌,董放,等.旱地不同栽培模式下土壤水分和矿质氮含量的时空变化.干旱地区农业研究,2007, 25(3): 51-57.

[3] 范亚宁,李世清,李生秀.半湿润地区农田夏玉米氮肥利用率及土壤硝态氮动态变化.应用生态学报,2008, 19(4): 799-806.

[4] 张鹤山,刘洋,王凤.不同越冬措施对矮象草生长状况和生产性能的影响.牧草与饲料, 2008, 2(1): 45-47.

[5] ROY W. Bamboo beer and bamboo wine. Southern California Bamboo—The Newsletter of the Southern California Chapter of the American Bamboo Society, 2005, 15(6): 2-3.

[6] 王树东.中国竹业的发展与全面创新.竹子研究汇刊,2004, 23(1): 6-8.

[7] 郑蓉,吴新才,翁金珊,等.黄甜竹林生长量和鲜笋营养成分的研究.福建林学院学报, 1999, 19(1): 65-68.

[8] 邱永华,邵小根,张发根,等.水竹笋物理性状和营养成分分析.浙江林学院学报,1999, 16(2): 200-202.

[9] 刘耀荣.毛竹笋期的营养动态.林业科学研究,1990,3(4): 363-367.

[10] 中国预防医学科学院营养与食品卫生研究所.食物成分表.北京:人民卫生出版社,1991: 5-6.

[11] 陈玉惠,刘翠,王文久.云南12种食用竹笋营养成分研究.天然产物研究与开发,1998,10(1): 25-30.

[12] 杜天真,杨光耀,郭起荣,等.厚皮毛竹春笋营养成分研究.江西林业科技,1997,6: 1-2.

[13] 顾小平,王永锡.几种竹笋单宁含量的分析比较.林业科学研究,1989,2(1): 98-99.

[14] 王波,丁雨龙,汪奎宏,等.铺地竹叶饲用价值的评定.林业科技开发,2008,22(3): 58-60.

[15] 徐秋芳,叶正钱,姜培坤.雷竹笋营养元素含量及其与土壤养分的关系.浙江林学院学报,2003,20(2): 115-118.

[16] 蔡志全,蔡传涛,齐欣,等.施肥对小粒咖啡生长、光合特性和产量的影响.应用生态学报,2004,15(9): 1561-1564.

[17] 李伟成,陈岩,钟哲科,等.覆膜对酒竹干旱季节移栽和越冬的影响.竹子研究汇刊,2008,27(3): 27-30.

[18] 刘铭,吴良欢,路兴花.覆膜旱作对稻田土壤有效Fe、Mn、Zn、Cu含量的影响.浙江大学学报(农业与生命科学版),2004,30(6): 646-649.

[19] 何奇江,汪奎宏,华锡奇.不同产量类型雷竹林的激素、氨基酸及营养成分分析研究.竹子研究汇刊,2007,26(2): 34-39.

[20] 黄成林,杨永峰.苦竹竹笋主要营养成分和微量元素的研究.竹子研究汇刊,2006,25(3): 32-37.

[21] 黄建辉,陈灵芝.北京百花山附近杂灌丛的化学元素含量特征.植物生态学与地植物学学报,1991,15(3): 224-233.

[22] 姜培坤,俞益武.雷竹叶营养元素含量与土壤养分的关系.浙江林学院学报,2000,17(4): 360-363.

[23] 吴家森,周国模,徐秋芳,等.不同年份毛竹营养元素的空间分布及与土壤养分的关系.林业科学,2005,41(3): 171-173.

[24] 刘力,林新春,金爱武,等.苦竹各器官营养元素分析.浙江林学院学报,2004,21(2): 172-175.

[25] 黄成林,姚玉敏,赵昌恒.安徽休宁倭竹竹叶主要营养成分的研究.竹子研究汇刊,2004,23(3): 42-46.

第6章

营养成分 | 伤流液采集与

现代人倾向于饮用对人体有益、天然和绿色的保健型饮料。酒竹茎秆被砍梢后可分泌大量伤流液（亦称鲜竹汁）。这种伤流液澄清透明，是纯天然的安全饮品，中国南方地区（如广东、云南、海南和广西）对栽种酒竹和开发酒竹鲜竹汁产品有极大的兴趣，应用前景广阔[1]。故研究酒竹伤流液的产生规律对开发酒竹鲜竹汁产品和提升营林管理水平具有重要意义。

竹炭是竹材裂解后得到的一种生物炭。由于竹质材料在形态结构、养分组成和生长特性等方面均区别于其他生物质原料[2]，所以竹炭为一类具有相对独特性能的生物炭，可提升土壤养分有效性、土壤保水保肥能力、土壤碳储存量，促进土壤微生物生长等[3]。

竹炭基生物质肥（以下简称"竹炭肥"）的应用条件已趋于成熟[2,4]。本文通过分析竹炭肥和有机肥栽培条件下伤流液采集量年变化、营养成分的差异，探讨其与风速、土壤温度、土壤含水量、空气温度、空气湿度等环境因子之间的关系，以期提供适合中国西南山区酒竹栽培的施肥方法和高效的伤流液采集技术，为竹炭肥的推广应用提供科学支撑，以及为酒竹功能型饮料的制备提供基础数据。

6.1　试验地自然条件

本试验的试验地设于云南省墨江县苦竹梁子（101°43′E，23°28′N，海拔1500m～1700m），位于中国西南中高山地区、哀牢山中段，距离土地塘种植基地约18km。

6.2 材料与方法

6.2.1 试验设计

试验所用的竹炭由竹加工剩余物在密封低氧状态、600℃下制备而成，过100目筛，pH值8.82～8.86，含水率10.2%～11.0%，比表面积359m²/g[5]。竹炭肥所用精糠（砻糠粉碎过40目筛）及猪粪来自浙江省嘉兴市的农资公司和集约化养猪场。精糠用于混合调节堆肥物料C/N和水分含量。试验采用静态堆置强制通风结合翻堆方式对混合物进行堆肥处理，精糠与猪粪混合后，混合物含水率57%±5%，发酵3个月左右（发酵温度65～70℃），成为腐熟堆肥（N含量11.9%，P_2O_5含量4.8%，K_2O含量5.7%，pH 8.13～8.50，电导率5.47mS/cm，含水率30.5%，C/N=14.7）。竹炭占竹炭肥总量的35%，采用膨润土（潍坊华潍膨润土集团股份有限公司）作为制粒黏结剂，混合均匀后制粒，制粒直径1.2～1.5mm，即为竹炭肥。

3月，云南墨江苦竹梁子种植基地在统一整地后，均匀施入磷肥（重过磷酸钙，以P_2O_5计）52.7kg/hm²和钾肥（硫酸钾，以K_2O计）56.3kg/hm²，均一次施入。5月，进行钩梢带篼移栽酒竹母竹，秆基直径3～5cm，秆高1～2m，具1～2支营养枝。按照随机区组试验，设置竹炭肥（ZT，竹炭：腐熟堆肥：膨润土=35∶57∶8，制粒竹炭肥4kg每穴）和对照（CK，不加竹炭，腐熟堆肥：膨润土=57∶8，制粒有机肥2.6kg每穴）2个处理，每一处理5个重复。每穴1.0m×1.0m，穴深0.5m，株行距5.0m×5.0m，穴施基肥覆土，再栽种，栽后施全水。之后连续4年在距离竹篼20～30cm处，环形沟施肥料各1次，即ZT处理沟施1.0kg竹炭肥，CK处理沟施0.65kg有机肥，覆土。直至试验结束，不再施任何肥料，其间仅雨季结束后进行除草作业。

6.2.2 伤流液取样与测量方法

本试验追踪了带篼移栽第3年5月至第4年3月的2年数据。每隔1个月于晴天（雨季天晴即可）进行伤流液的采集。采用电动钻将特制密封取液器钻入酒竹二年生实心秆中（每丛仅取1秆），外接导流硅胶管和容器，每次取液48h，取后以石蜡封伤口。其中，将7月采集的伤流液装入食品级聚酯采样袋，置于冰盒并送检矿质元素、常规营养成分和氨基酸含量，24～48h处理分析。取伤流液过程如图6-1所示。

图6-1　取伤流液过程

每种处理下各取5袋样，测量矿质元素、总脂肪、蛋白质、淀粉、还原糖，并计量酵母数量，计算处理间差异，使用日立835-50型自动分析仪测定游离氨基酸[1]。

同时，测量风速（SW）、空气温度（TA）、空气湿度（MA）、5cm深处土壤温度（TS_5）、15cm深处土壤温度（TS_{15}）、0～5cm深处土壤含水量（WS_5）和10～15cm深处土壤含水量（WS_{15}）7项指标。采用云南墨江县联珠镇气象观测站的月平均风速数据（与试验地距离较近，约700m），使用日本SATO数显温湿度计PC-6800在采集伤流液的酒竹丛边1.5m处且距地面1.5m处测量空气温湿度。清理浅表层凋落物后，使用ZDR-41温度数据记录仪于距离采集伤流液的酒竹立秆外围0.5m处测量距地表5cm和15cm处土壤温度[6]。土壤含水量：按照0～5cm（表层土）和10～15cm（深层土）两个土层分别取样，装入取样袋，干燥箱烘干土样，用电子天平称重，计算土壤含水量。

上述所有参数均采用2年平均值，以利于比较。采用多元线性回归（Stepwise方法）和因子分析解析上述7个环境因子对伤流液采集量（$SapC$）的影响[7]。

6.3　结果与分析

6.3.1　酒竹伤流液采集量年变化及其影响因子

ZT处理下，酒竹伤流液可以从每年5月一直采集至翌年1月；CK处理下，仅在每年雨季可以采集到伤流液（见图6-2）。ZT和CK处理下的TA、MA数据差异不大（$p > 0.05$，见图6-3、图6-4）。在旱季—雨季转换的开始阶段（5月），SW开始减弱（见图6-5），TA和MA开始上升（见图6-3、图6-4），ZT与CK处理下的伤流液采集量差异不大（$p > 0.05$，见图6-2），分别为0.047L/秆±0.015L/秆和0.027L/秆±0.007L/秆，主要是因为刚由旱季进入雨季，空气湿度和土壤含水量较低，ZT处理下的植株对雨季的响应仍有一定的时滞性。进入7月（雨季中期），两者伤流液采集量差异明显（$p < 0.05$），分别为0.817L/秆±0.166L/秆和0.416L/秆±0.089L/秆。9月，ZT和CK处理下的伤流液采集量达到了峰值，分别为2.343L/秆±0.418L/秆和1.277L/秆±0.199L/秆，差异极显著（$p < 0.01$），ZT处理下的伤流液采集量均值是CK的1.84倍。10—11月进入旱季，SW上升（见图6-5），TA和MA开始下降（见图6-3、图6-4），伤流液采集量急剧下降，ZT和CK处理下的采集量数据有差异（$p < 0.05$），CK处理下的伤流液仅0.019L/秆±0.003L/秆，ZT处理下的均值是CK处理下的15倍。之后，旱季1—3月，ZT处理下的伤流液继续减少，直至不再产生，CK处理下从1月起已经采集不到伤流液。图6-2的全年数据表明，竹炭肥延长了酒竹伤流液的采集时间，而且在雨季和雨季—旱季转换期提高了伤流液产量。

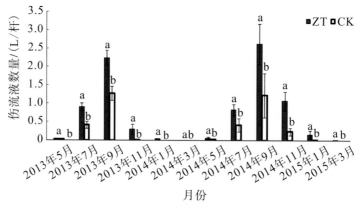

图6-2　2年的伤流液收集情况

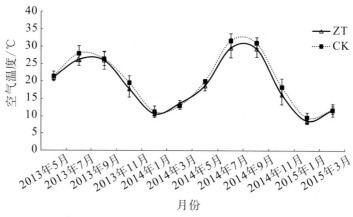

图6-3　2年的空气温度

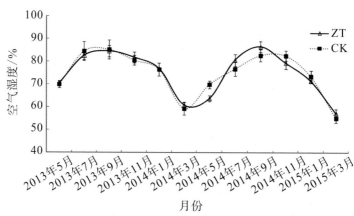

图6-4　2年的空气湿度

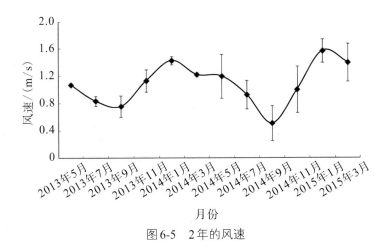

图6-5　2年的风速

一般而言，土壤温度受到空气温度的直接影响；而土壤含水量受到降水量的影响，或者与空气湿度有直接关联[6]。根据分析，ZT和CK处理下的环境因子有类似的趋势，TS_5和TS_{15}随着TA的波动而变化（见图6-6、图6-7），TS_{15}变化略平缓；TS_5、TS_{15}与TA的相关性均达到极显著相关（$p<0.01$，表6-1），但ZT和CK处理下的TS_5、TS_{15}数据没有显著差异（$p>0.05$）。WS_5和WS_{15}在9月达到峰值后，一直减小（见图6-8、图6-9），与MA的变化对应（见图6-4）；整年中，ZT和CK处理下的WS_5没有显著差异（$p>0.05$）（见图6-8），ZT处理下的WS_{15}均值都大于CK（见图6-9）。图6-2～图6-9表明，除了1—3月的WS_{15}有差异（$p<0.05$），ZT处理下的酒竹植株尚未对其周围微环境因子产生明显影响。

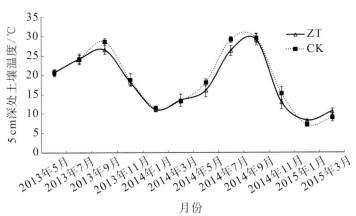

图6-6　2年的5cm深处土壤温度

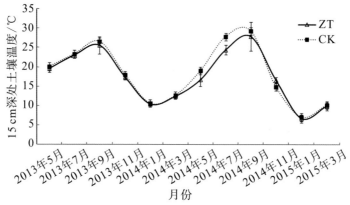

图6-7　2年的15cm深处土壤温度

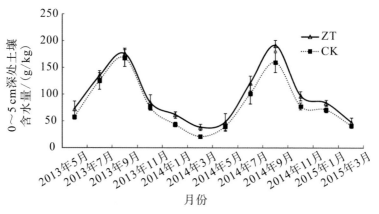

图6-8　2年的0～5cm深处土壤含水量

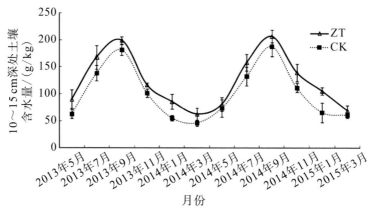

图6-9　2年的10～15cm深处土壤含水量

表6-1　2年参数间相关系数与差异显著性

处理	参数	$SapC$	TA	MA	SW	TS_5	TS_{15}	WS_5
ZT	TA	0.512						
	MA	0.563*	0.543					
	SW	−0.617*	−0.776**	−0.491				
	TS_5	0.602*	0.912**	0.629*	−0.810**			
	TS_{15}	0.617*	0.935**	0.561*	−0.807**	0.948**		
	WS_5	0.783**	0.772**	0.764**	−0.804**	0.869**	0.793**	
	WS_{15}	0.788**	0.735**	0.809**	−0.744**	0.807**	0.811**	0.902**
CK	TA	0.703**						
	MA	0.615*	0.500					
	SW	−0.721**	−0.828**	−0.466				
	TS_5	0.816**	0.887**	0.617*	−0.857**			
	TS_{15}	0.761**	0.916**	0.583*	−0.859**	0.985**		
	WS_5	0.903**	0.822**	0.792**	−0.766**	0.900**	0.851**	
	WS_{15}	0.872**	0.791**	0.742**	−0.753**	0.885**	0.860**	0.957**

注：*表示差异显著（$p<0.05$）；**表示差异极显著（$p<0.01$）

　　从伤流液采集量（$SapC$）分析，$SapC$与TA、MA、SW、TS_5、TS_{15}、WS_5和WS_{15}都具有相关性（见表6-1）；ZT与CK处理下，$SapC$与土壤含水量（WS_5和WS_{15}）的相关性达到了极显著（$p<0.01$）。多元线性回归和因子分析表明，ZT与CK处理下，影响$SapC$的因子有所不同。ZT处理下，全年的$SapC$可以采用WS_{15}、TA和SW 3个参数进行解释。这3个参数是影响$SapC$的主要因子（参数显著性<0.05，共线性阈值<5，见表6-2），它们的方差贡献率达到80.90%，线性回归相关性为0.691，达到极显著（$p<0.01$，见表6-2）。在雨季，ZT处理下的$SapC$亦可采用WS_{15}、SW和TA 3个参数进行解释（参数显著性<0.1，共线性阈值<5，见表6-2），但就参数显著性而言，SW高于TA，此3个参数的总方差贡献率为83.36%，线性回归相关性为0.646，相关性显著（$p<0.05$，表6-2）；旱季只有WS_{15}可以解释$SapC$的动态，总方差贡献率为71.05%。全年CK处理下的$SapC$可用WS_5和MA进行解释，这与雨季类似，由

于旱季鲜有伤流液产生，故没有环境因子与之对应。

表6-2　2年不同季节伤流液采集量的主要影响因子

处理	时段	主要影响因子	参数显著性	共线性阈值	方差贡献率	回归相关性
ZT	全年	WS_{15}	0.000	2.477	78.50%	0.703**
		TA	0.034	4.610		
		SW	0.037	4.733		
	雨季	WS_{15}	0.020	2.058	84.79%	0.650*
		SW	0.079	3.607		
		TA	0.099	3.705		
	旱季	WS_{15}	0.071	1.056	70.19%	0.446*
CK	全年	WS_5	0.000	1.006	65.27%	0.851**
		MA	0.045	3.900		
	雨季	WS_5	0.093	2.664	67.18%	0.887**
		MA	0.097	3.713		
	旱季	—	—	—	—	—

注：*表示差异显著（$p<0.05$）；**表示差异极显著（$p<0.01$）

6.3.2　酒竹伤流液中矿质元素与常规营养成分分析

伤流液中矿质元素含量可反映土壤矿质元素有效性对植物发育产生的影响。植物的生长发育是消耗土壤中营养元素的过程，所以需要外源性施入和补充营养元素[8]，对于酒竹这类对肥力较为敏感的物种而言更是如此[9]。从7月采集的伤流液分析指标可看到，ZT处理下的酒竹中的K、Ca、Fe、Mn、Cu和P含量与CK有显著性差异（$p<0.05$），其均值分别为CK的2.81倍、1.39倍、3.44倍、2.84倍、2.14倍和3.10倍，Fe与Mn含量的显著提高可能与竹炭烧制过程中使用的转炉（特种钢材，竹炭高温烧制）存在关联。本试验中，没有检测出铅（Pb）和无机砷（Sn），符合食品安全检测指标。CK处理下的矿质元素含量比ZT略低，说明ZT处理提高了多数矿质元素的含量。

在酒竹伤流液中，总脂肪和淀粉都未能检出。两种处理下，酒竹伤流液中的蛋白质和还原糖含量有显著差异（$p<0.05$），ZT处理很大程度上提高了伤流液中的蛋白质和还原糖含量（见表6-3）。ZT处理下，酒竹伤流液中的蛋白质

含量均值是CK的1.71倍，还原糖含量均值是CK的2.19倍。ZT与CK处理下的酵母菌菌落平均总数没有差异（$p>0.05$），但ZT处理下的平均值略大。酒竹伤流液呈酸性，ZT与CK处理下的伤流液pH值亦没有差异（$p>0.05$），但ZT处理下的伤流液的pH值略高（见表6-3）。

表6-3 酒竹伤流液中矿质元素、常规营养成分含量及其他指标

参数		ZT	CK
矿质元素	钠 /（mg/100g）	0.009 ± 0.002^a	0.006 ± 0.003^a
	钾 /（mg/100g）	1.633 ± 0.267^b	0.580 ± 0.327^a
	钙 /（mg/100g）	0.388 ± 0.072^b	0.305 ± 0.028^a
	镁 /（mg/100g）	0.272 ± 0.026^a	0.208 ± 0.052^a
	铁 /（mg/100g）	0.038 ± 0.009^b	0.011 ± 0.004^a
	锌 /（mg/100g）	0.005 ± 0.001^a	0.003 ± 0.001^a
	锰 /（mg/100g）	0.041 ± 0.009^b	0.015 ± 0.007^a
	铜 /（mg/kg）	0.303 ± 0.121^b	0.147 ± 0.053^a
	铝 /（mg/kg）	0.198 ± 0.071^a	0.113 ± 0.042^a
	总磷 /（mg/100g）	0.096 ± 0.038^b	0.037 ± 0.021^a
	硒 /（mg/kg）	<0.001	<0.001
	硼酸 /（mg/kg）	0.993 ± 0.276^a	0.932 ± 0.206^a
	铅 /（mg/kg）	<0.001	<0.001
	无机砷 /（mg/kg）	<0.001	<0.001
常规营养成分	总脂肪 /%	<0.01	<0.01
	蛋白质 /%	0.372 ± 0.104^b	0.207 ± 0.042^a
	淀粉 /%	<0.01	<0.01
	还原糖 /%	0.713 ± 0.138^b	0.347 ± 0.084^a
pH		6.0 ± 0.2^a	5.7 ± 0.3^a

注：相同字母表示差异不显著（$p>0.05$）；不同字母表示差异显著（$p<0.05$）

6.3.3 酒竹伤流液中氨基酸分析

从表6-4可分析得到，7月采集的酒竹伤流液含有18种氨基酸，ZT处理下的伤流液中氨基酸总量达到了1026.06mg/L，是CK处理下的伤流液中氨基酸总量的1.40倍。其中含有8种必需氨基酸：Thr、Val、Met、Ile、Leu、Phe、

Lys、Trp（见表6-4）。ZT处理下，此8种氨基酸含量平均为213.66mg/L，共占氨基酸总量的20.8%；而CK处理下的伤流液中此8种必需氨基酸含量平均为165.80mg/L，共占氨基酸总量的22.7%。ZT处理下，伤流液中氨基酸含量占前3位的分别是Glu、Ala和Pro，与CK相同；这3种氨基酸含量之和分别占ZT和CK处理下氨基酸总量的66.9%和62.4%。ZT处理下，伤流液的Glu、Val、Tyr、Pro和Trp含量与CK有显著差异（$p<0.05$）。ZT处理下，除了Asp、Thr、Gly和Ile，其他氨基酸的平均含量均高于CK。上述数据表明，ZT处理下，多种氨基酸含量和氨基酸总量提高显著。

表6-4　酒竹伤流液中氨基酸含量

氨基酸/（mg/L）	ZT	CK
天冬氨酸	15.01±7.23[a]	19.20±4.71[a]
苏氨酸	45.22±11.45[a]	55.52±9.64[a]
丝氨酸	1.95±0.69[a]	1.62±0.66[a]
谷氨酸	350.68±47.32[b]	223.70±31.92[a]
甘氨酸	9.02±2.59[a]	10.03±1.36[a]
丙氨酸	111.52±20.04[a]	91.22±11.34[a]
胱氨酸	27.83±5.70[a]	25.08±10.22[a]
缬氨酸	40.88±7.31[b]	25.83±5.06[a]
蛋氨酸	11.97±4.35[a]	8.53±2.76[a]
异亮氨酸	12.08±2.74[a]	16.82±3.52[a]
亮氨酸	28.17±3.11[a]	20.11±5.61[a]
酪氨酸	25.85±4.91[a]	19.06±4.75[a]
苯丙氨酸	15.84±2.87[a]	12.17±3.06[a]
赖氨酸	24.97±4.02[a]	19.76±7.13[a]
组氨酸	28.84±5.29[a]	22.06±4.85[a]
精氨酸	17.37±5.45[a]	16.26±2.96[a]
脯氨酸	240.28±25.97[b]	169.37±32.88[a]
色氨酸	39.14±4.02[b]	22.18±3.23[a]
氨基酸总量	1049.22±151.03[b]	780.36±118.44[a]

注：相同字母表示差异不显著（$p>0.05$）；不同字母表示差异显著（$p<0.05$）

6.4 讨论

6.4.1 竹炭肥延长了酒竹伤流液采集时间，提高了采集量

伤流是代谢的自然现象，是植物根系代谢功能与活力的一种标志。有研究表明，毛竹个体、竹林质量及其生长发育在一定程度上影响毛竹的伤流[10]，而毛竹的胸径与伤流量之间无明显的相关关系[10,11]，这表明其伤流可能与地下部的关系更密切。本试验数据表明，全年ZT处理下，从5月雨季开始到10—11月旱季开始都可以采集到伤流液，7—10月是丰期。$SapC$的最高纪录是2.66L/秆（ZT处理下，9月），与毛竹的4.637L/秆[11]尚有差距，这可能是因为散生竹伤流产生的尺度（单轴型根鞭系统的群落尺度）与丛生竹有区别。对于酒竹等大型丛生竹而言，单个竹丛（种群内尺度）是采集伤流液的主体，作为地下整合生理作用的根鞭系统对丛生竹的伤流液质量和产量有决定性作用；而本试验结果也说明竹炭肥的使用更有利于根鞭系统的发育，有利于伤流液的产生。进入旱季，1月仍有微量伤流液，虽然采集量不大，对生产的意义不大，但说明竹炭肥对酒竹的生长（特别是地下部根系）具有效果。WS_{15}和TS_{15}数据表明，竹炭肥作为基肥具有保温保湿的作用，WS_{15}和TS_{15}随空气特征变化的趋势亦较为平缓，其缓释性肥效更有利于植物的生长[12]。

6.4.2 不同季节伤流液产量可以采用不同环境因子进行解释

ZT和CK两种处理下，$SapC$与环境因子间都有较强的相关性，但环境因子解释参数不尽相同，全年度的环境因子解释与雨季类似，可分别采用WS_{15}、TA、SW和WS_5、MA进行解释，仅参数显著度有差异。两种处理下，雨季伤流液分别占全年的91.03%和98.38%，表明伤流液主要在雨季产生，故雨季数据很大程度上决定了全年度的解释量。ZT处理下，WS_{15}对$SapC$的贡献率最大，表明其对土壤（根系）水分含量波动的依赖性。而CK处理下$SapC$对WS_5更为敏感，亦说明WS_5与WS_{15}同质性较高（相关性与共线性）；CK处理下雨季的土壤浅表水分含量即可解释其$SapC$。这种差异佐证了ZT处理对土壤环境的改良[12]：土壤水分充足，使根压上升，从而提高了$SapC$。伤流液采集量反映了竹丛体内水分输送的情况。本试验结果表明，伤流液采集量与竹丛生长

所处的土壤环境条件有密切联系[11]，同时与竹丛周围的微环境因子亦有关联。

6.4.3　竹炭肥提高了伤流液矿质元素和常规营养成分含量

植物根系内合成氨基酸、有机酸、植物生长调节物质及生物大分子物质（蛋白质等）[13]，再通过木质部导管内的液流将它们运送到地上器官。因此，酒竹伤流液中营养元素含量的变化亦间接说明了影响植物根系生理活性的因素。ZT处理下，主要提高了K、Ca、Fe、Mn和Cu 5种元素的含量。K和Cu元素含量的提高，说明ZT处理能提高酒竹植株的抗寒性和抗旱性，增强植株体内物质的合成和转运[14]；Ca^{2+}和K^+共同作用，调节气孔闭合；而Fe、Mn和Cu元素参与光合作用和呼吸作用。这些元素在适当范围内的提升，说明ZT处理促进光能利用和调控蒸腾作用，这对酒竹在云南中高山地区的引种驯化而言亦十分关键。矿质元素含量提高的同时，与之对应的，ZT处理提高了伤流液的产量、蛋白质和还原糖的含量，提高伤流液的pH值，为酒竹天然饮品的制备提供了契机。

6.4.4　竹炭肥提高了伤流液氨基酸含量

酒竹伤流液具有18种氨基酸，与其笋的氨基酸类型相同[1]，比毛竹伤流液的14～16种氨基酸种类[10,11]多。不同文献中毛竹的氨基酸含量存在着巨大差异，可能是由地理种源、试验地环境、采集时间、检测参数预设和预处理差异造成的。酒竹伤流液中氨基酸种类比较齐全；氨基酸含量亦较高，约为酒竹笋必需氨基酸含量的一半（覆膜条件下平均为442mg/L）[1]，因此具有较高的应用价值。脯氨酸是植物蛋白质的组分之一，其含量可以作为抗寒育种和抗旱育种的生理指标，对酒竹地理引种范围及其育种实践具有很大的参考价值。氨基酸含量的高低能在一定程度上反映伤流液的药理作用[15]，但氨基酸与酒竹伤流液的药用价值之间的关联，仍需更深入的研究。

6.4.5　竹炭肥的使用效果明显

本试验中，竹炭肥的使用结果为：多数参数和指标均有不同程度的提升，伤流液中K和P含量较高，这与Kim等的研究[4]相同：炭基复合肥（混合腐殖质和钾磷肥）缓释效应对提供植物生长所需K和P的时效明显。而肥料中添加竹炭可增加NH_4^+-N、NO_3^--N及总氮含量，使氮素固定率提高28.3%～65.4%[5,16]，但有NH_4^+-N竞争与K^+的吸收产生拮抗作用[15]的风险。本试验结果表明，组合施肥条件下酒竹生长环境得以改善，提高了植株根系生理活性和吸收能力，从而促进植株生长，特别是旱季中，深层土壤水分和温度变化平缓，维持了植株伤流液的产生，这与水分胁迫条件下NH_4^+-N施入能显著提高水稻伤流液流速、P含量和水分利用效率的试验结果[17]类似，因此亦可佐证本试验使用的竹炭肥具有适宜的C/N比。其大比表面积和大量微孔结构，使得竹炭对NH_3和NH_4^+-N均有很好的吸附性[18]。这对减少氮肥损失，减轻氮素淋溶造成的污染具有重要意义。

参考文献

[1] 李伟成，王树东，钟哲科，等. 覆膜对酒竹笋营养元素与成分的影响. 林业科学研究，2009，22(5)：732-735.

[2] GETACHEW A, ADRIAN M B, NELSON P N, et al. Biochar and biochar-compost as soil amendments: Effects on peanut yield, soil properties and greenhouse gas emissions in tropical North Queensland, Australia. Agriculture, Ecosystems and Environment, 2015, 213: 72-85.

[3] HUSSAIN M, FAROOQ M, NAWAZ A, et al. Biochar for crop production: Potential benefits and risks. Journal of Soils and Sediments, 2016, 17(3)：1-32.

[4] KIM P C, HENSLEY D, LABBÉ N. Nutrient release from switchgrass-derived biochar pellets embedded with fertilizers. Geoderma, 2014, 232: 341-351.

[5] 黄向东，薛冬. 添加竹炭对猪粪堆肥过程中升温脱水及氮素损失的影响. 应用生态学报，2014，25(4)：1057-1062.

[6] 赵吉霞，王邵军，陈奇伯，等. 滇中高原云南松幼林和成熟林土壤呼吸及主要影响因子分析. 南京林业大学学报（自然科学版），2014，38(3)：71-76.

[7] 李伟成，王曙光，盛海燕，等. 酒竹人工林土壤呼吸对氮输入的响应及其因子分析. 浙江大学学报（农业与生命科学版），2011，39(3)：299-308.

[8] 唐拴虎，徐培智，陈建生，等. 一次性施用控释肥对水稻根系活力及养分吸收特性的影响. 植物营养与肥料学报，2007，13(4)：591-596.

[9] 李伟成，王树东，钟哲科，等. 不同施肥梯度下酒竹的形态和光合响应. 竹子研究汇刊，2010，29(2)：11-17.

[10] 张文燕，马乃训，封剑文，等. 毛竹伐桩伤流及其控制技术研究. 林业科学研究，1994，7(4)：414-419.

[11] 李雁群. 毛竹活立竹竹杆创口的伤流. 林业科学研究, 1997, 10(8): 108-110.

[12] EDUARDO M J, JOSÉ M F, MARKUS P, et al. Availability and transfer to grain of As, Cd, Cu, Ni, Pb and Zn in a barley agri-system: Impact of biochar, organic and mineral fertilizers. Agriculture Ecosystems & Environment, 2016, 219: 171-178.

[13] SCHMIDT H P, KAMMANN C, NIGGLIA C, et al. Biochar and biochar-compost as soil amendments to a vineyard soil: Influences on plant growth, nutrient uptake, plant health and grape quality. Agriculture, Ecosystems and Environment, 2014, 191: 117-123.

[14] WRIGHT S J, YAVITT J B, WURZBURGER N, et al. Potassium, phosphorus, or nitrogen limit root allocation, tree growth, or litter production in a lowland tropical forest. Ecology, 2011, 92(8): 1616-1625.

[15] 徐新娟, 卢颖林, 李庆余, 等. 增铵营养对番茄植株伤流液组分及含量的影响. 土壤, 2009, 41(5): 806-811.

[16] 张秋芳, 刘波, 史怀, 等. 氮磷钾肥对地道药材建泽泻生长与品质的影响. 植物资源与环境学报, 2006, 15(3): 39-42.

[17] 宋海星, 李生秀. 水、氮供应对玉米伤流及其养分含量的影响. 植物营养与肥料学报, 2004, 10(6): 574-578.

[18] XU G, WEI L L, SUN J N, et al. What is more important for enhancing nutrient bioavailability with biochar application into a sandy soil: Direct or indirect mechanism? Ecological Engineering, 2013, 52: 119-124.

第7章

个体生长发育规律

植物如何适应环境中资源的匮乏或过量所造成的胁迫，是植物生态学研究的核心问题之一[1]。一般认为，生活在逆境中的植物，具有生物量分配模式可塑性的适应对策，且植物发育和生物量分配模式自我调节的变化趋势往往符合最优分配理论。有关个体发育的研究是对有机体与所处环境相互作用过程的系统研究，特别是种群的生活史结构的研究可以对克隆种群的不同生活习性有一个比较全面的了解[2]。研究竹类植物的生物量，有利于评价经营措施、发展丰产技术、制定合理的经营开发措施[3]。

从引种繁育结果分析，酒竹适合在中国西南地区热带的一些具明显旱季、雨季的中高海拔区域生长[4]。我们通过对酒竹的个体生长发育可塑性规律的试验，探讨了移栽后酒竹的补偿作用及其基于个体生长的经验模型参数的特征，以期为酒竹的近自然培育的经营决策以及造林区划提供重要的基础数据，旨在为其今后的繁殖、栽培和应用提供参考。

7.1　材料与方法

4月中下旬（雨季前）于云南墨江土地塘种植基地进行母竹钩梢（于第9～11节处截断）带箨移栽种植，株行距5.0m×5.0m，占地面积约7000m²。雨季接近结束时（9月底，已经抽枝展叶）施肥，施用48%硫钾型复合肥（含氮量约15%），每株沟施0.25kg，覆土；12月进入旱季和气温下降后，对母竹进行覆膜处理，越冬[4]。

7.1.1　钩梢后枝、叶密度分布建模

第2年8—9月，选择健壮无虫害的母竹进行各枝盘的枝数、叶片数和胸

径的调查，对各参数之间的关系进行分析，建立各枝盘的枝数、叶片数的相关模型[5]。

采用Gamma概率密度函数$f(x; \alpha, \beta, \gamma) = x^{\alpha-1}\beta^{\gamma}e^{-\beta x}(x \geq 0)$，建立完整植株各枝盘的枝数分布函数。其中，$x$为枝盘号；$\alpha$、$\beta$和$\gamma$分别为待定参数。

采用Weibull概率密度函数$f(x; \alpha, \beta) = \dfrac{\alpha}{\beta^{\alpha}}x^{\alpha-1}e^{-(x/\beta)^{\alpha}}$，建立完整植株各枝盘的叶片数分布函数。其中，$x$为枝盘号；$\alpha$和$\beta$分别为待定参数，利用Marquardt迭代法确定待定参数。

7.1.2 出笋、幼竹生长调查及建模

第2年于出笋期（4—10月）观察并记录酒竹正常生长期的生长情况：每隔2天观察1次，记录出笋（以笋尖露出地面为标准）、退笋（以停止生长、不出枝与叶为标准）数量；随机选取出笋初期（5—6月）、盛期（7—8月）和末期（9—10月）各3~5支竹笋，每天测其高度，直至高生长停止，高生长天数和日高生长量取其平均值。

采用Logistic生长方程$H_i = \dfrac{H_0}{1 + e^{a+bt}}$，建立笋—幼竹高生长的经验模型和出笋动态分布密度函数模型[2]。其中，H_i为某时刻笋（幼竹）的高度或密度值；H_0为环境最大值，这里取样本最大值的平均值；t为数据采集步长（出笋量动态观察$t = 3$天）。以Logistic生长方程的一阶、二阶导数将出笋时间划分为初期、盛期和末期[6]。

7.1.3 单株生物量预测模型

第2年4月和第3年4月，根据当年生、一年生和二年生分龄级进行调查，求得当年生、一年生和二年生酒竹平均高和平均胸径，各选择长势平均的酒竹5~6秆；测定酒竹地径、胸径和株高，直接称取各器官（秆、枝、叶）的鲜重。将秆、枝、叶等构件分别取样并带回实验室，80℃烘干至恒重，拟合并确定适合该竹种的生物量模型。全部过程运用SPSS进行数据分析处理。

7.2 结果与分析

从图7-1可以得到，去除顶端优势并经过1年多恢复生长的酒竹，其各枝

盘的叶片数、枝数分别与枝盘号存在着乘幂关系，可以用$y=ax^b$的关系式来表达。其中，y为叶片数或者枝数；x为枝盘号；a和b分别为待定参数。枝数、叶片数与枝盘号的乘幂关系式中，a分别为0.0877、0.0871，b分别为2.4358和3.3934，相关系数R^2分别为0.8297和0.7952。

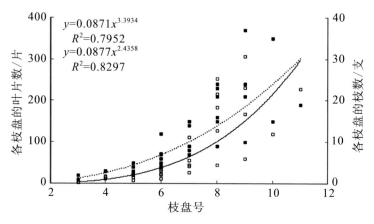

图7-1　钩梢后各枝盘枝数、叶片数与枝盘号的关系

　　从图7-2和图7-3中可以更好地了解钩梢后的酒竹植株自身的补偿作用。图7-2表明钩梢后剩余枝盘数（包括下部枝盘补充长枝的节）与累积叶片数占完整植株叶片数的比例关系可以用二次函数$y=-8.1096x^2+94.902x-194.74$（$p<0.05$，$R^2=0.9765$）表达。其中，$y$为钩梢植株累积叶片数占完整植株叶片数的比例；$x$为累积枝盘数。这说明钩梢带箬移栽的最佳保留枝盘数为5～6盘，钩梢植株累积叶片数占完整植株叶片数的81.14%±3.55%；如保留3盘（地上部总共保留5～7节），则钩梢植株累积叶片数会急剧下降，仅占完整植株叶片数的18.31%±2.43%；如保留超过7盘，则钩梢植株累积叶片数占完整植株叶片数的比例也会下降。完整植株的各枝盘叶片数在对应枝盘（以枝盘号表示，从下往上进行计数）上的分布符合Weibull概率密度函数（见图7-2）。其中，α为2.3580，β为18.9624（$F=63.5054$，$p<0.001$，$R^2=0.9026$），表现为两端低、中段高的形式；其偏度系数α'为$-0.3660<0$，说明分布为尾左偏；峰度系数β'为$-0.7050<0$，说明分布为低峰度，比正态分布平坦，也表明酒竹秆中部（13～17节）的叶片数分布比较均匀。图7-3表明钩梢后剩余枝盘数与累积枝数占完整植株枝数的比例关系亦可用二次函数$y=-4.8323x^2+52.054x-101.36$

（$p<0.05$，$R^2=0.8460$）表达。其中，y 为钩梢植株累积枝数占完整植株枝数的比例；x 为累积枝盘数。其所表现出来的规律与钩梢后的叶（见图7-2）相同，也表明钩梢带篼移栽的最佳保留枝盘数为 5～6 盘，钩梢植株累积枝数占完整植株枝数的 43.86%±2.98%。完整植株的各枝盘枝数在对应枝盘上的分布符合 Gamma 概率密度函数（见图7-3）。其中，α、β 和 γ 分别为 -4.3005、-0.1522 和 1.6960（$F=49.0364$，$p<0.001$，$R^2=0.8168$）；其偏度系数 α' 为 $-0.4170<0$，为尾左偏的分布；峰度系数 β' 为 $-1.1630<0$，为低峰度分布。

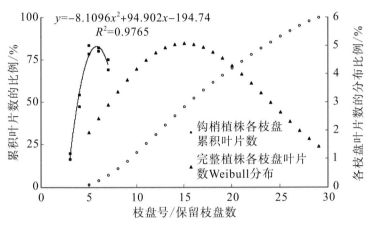

图 7-2　累积叶片数的比例与保留枝盘数的关系/各枝盘叶片数的分布比例

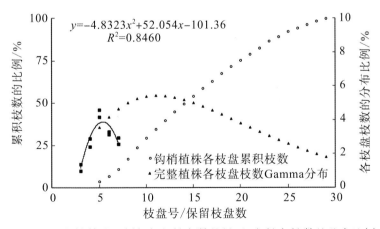

图 7-3　累积枝数的比例与保留枝盘数的关系/各枝盘枝数的分布比例

由图7-4～图7-7可直观地看出，酒竹出笋量动态和高生长曲线呈"S"字形。图7-4表明，根据 Logistic 生长方程的一阶、二阶导数，可将出笋时间划分为初期、盛期和末期。酒竹出笋从5月26日开始至10月29日结束，以3天为1个步长计数单位，整个出笋持续时间较长，约150天，出笋量H_0为307支，出笋期基本与移栽当地的雨季重叠。出笋量先逐渐上升，出笋初期结束时（第48~51天）出笋57支，占全期出笋总数的15.96%；盛期（第69~72天）的出笋速度达到最高峰，出笋171支，占全期出笋总数的55.70%，平均每天出笋3.6支，而后逐渐下降；末期（第90~93天）出笋87支，占全期出笋总数的28.33%（见图7-4）。由此可见，酒竹出笋集中在7月中旬至8月下旬，这一时期是保证竹笋产量的重要阶段，在培育时要加强保育和虫害的防治。

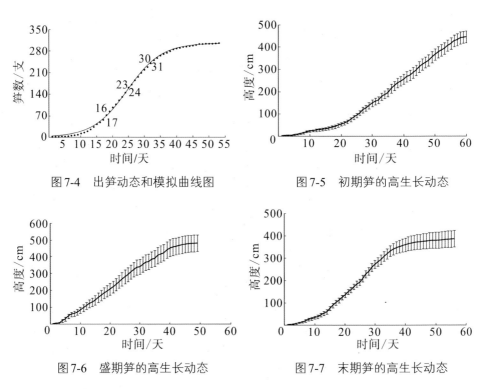

图7-4　出笋动态和模拟曲线图　　　　图7-5　初期笋的高生长动态

图7-6　盛期笋的高生长动态　　　　图7-7　末期笋的高生长动态

　　初期酒竹笋完成高生长时间为60.2天±5.6天，历时较长，特别是高生长准备期（渐增期）为25~26天，其达到最高速生长的时间（快增期）出现在第37天前后，在第48天时开始转入慢速生长期（缓增期）（见图7-5），Logistic非线性拟合极显著（$p < 0.001$，$R^2 = 0.9946$）。盛期的酒竹笋完成高生长的情况较特殊（见图7-6）：整个过程历时49.6天±4.5天，几乎以线性增长的方式生长，完成时间最短，高生长量大，平均株高达到4.82m±0.59m，第

12天进入快速生长期，第21天达到峰期，第29天进入末期，Logistic非线性拟合极显著（$p<0.001, R^2=0.9842$）。末期酒竹笋的高生长历时56.2天±4.1天，于第16天进入快速生长期，约在第24天达到最快生长速度，第33天则进入缓增期，Logistic非线性拟合极显著（$p<0.001, R^2=0.9986$）（见图7-7）。

排除竹林害虫，如笋横锥大象和笋直锥大象等寄主直接对笋的啃噬而造成的损失，酒竹的成竹率为93.07%，成竹率非常高。一般而言，酒竹在进入出笋期到出笋末期开始时，笋基本都可以成长幼竹；进入末期的后期，即雨季结束时，出笋较少，平均0.53支/天，大多退笋，停止生长，这与缺少雨水后酒竹采取的生活策略有直接联系。

与枝数、叶片数与枝盘号的关系类似，通过基于胸径的乘幂函数回归可以得到不同年龄酒竹地上部各构件的生物量的经验性预测模型（见表7-1）。回归方程中除了一年生茎秆和二年生枝没有达到相关（$p>0.05$），其余都呈显著相关（$p<0.05$），其中当年生茎秆和一年生叶、胸径的相关性达到了极显著（$p<0.01, R^2=0.9508、0.9836$）。

表7-1　酒竹地上部各构件的生物量预测模型

年龄	构件	基于胸径（DBH）的回归方程	F	p	R^2
当年生	茎秆	$487.7598DBH^{0.4868}$	58.1406	0.0047	0.9508
	枝	$56.3610DBH^{0.1989}$	11.6578	0.0420	0.7953
	叶	$46.7186DBH^{0.2816}$	15.1828	0.0300	0.8350
一年生	茎秆	$529.6721DBH^{0.5576}$	16.1520	0.0567	0.8898
	枝	$53.9170DBH^{0.8108}$	42.0799	0.0229	0.9546
	叶	$64.3859DBH^{0.4361}$	120.1938	0.0082	0.9836
二年生	茎秆	$686.792DBH^{0.3238}$	16.6648	0.0266	0.8474
	枝	$67.1376DBH^{0.6995}$	7.1569	0.0754	0.7046
	叶	$52.8633DBH^{0.6328}$	15.3481	0.0296	0.8365

7.3　讨论

酒竹因其枝叶生长量大，气生根发育能力强大，顶端优势明显，在笋—幼竹的自然生长过程中易遭受风害，株型往往很差。酒竹钩梢带笕移栽后，其顶端优势明显被压抑，而对留下的顶端节部具有强大的补偿作用，余留的顶端单节枝盘的最大枝数和叶片数分别可达37支和350片，单节枝盘补充的叶量远远大于毛竹[5]；同时对下部节部也有一定的补充，如在钩梢后酒竹在第3~5节可以萌发一定数量的枝（1~5支），以向受损植株提供足够多的光合作用面积和空间，对于刚刚移栽的植株而言，这种补偿作用对于其适应中国半干旱区生境很关键；而且，带箨移栽时箨可以供养再生分蘖和初期生长所需的营养，减少呼吸和蒸发，抑制顶端优势，促进中下部腋芽的萌发。进入雨季中后期，下部枝与顶端节部的枝发育速度相似，发育至一定数量时即停止，而顶端枝在数量上则会继续增加，故下部枝与顶端枝在数量上大相径庭，且在顶端节部的枝完全发育和展叶后，由于顶端枝拓展的空间遮盖了下部枝，下部枝上的叶逐渐失去作用，退出生产者行列，营养物质转移至新兴器官，直至换叶凋谢。因此，雨季后需要对酒竹进行适当的整形修剪，这样有利于通风透光，能够改善株型，使其保持健壮的株势。此外，实行垄台栽培和间歇性湿润灌溉[4]，创建湿润透气的土壤环境，提高根系活力，合成更多的细胞分裂素，亦可促进移栽初期中下部腋芽的萌发。

本试验发现，钩梢带箨移栽后各枝盘的枝、叶数量分别与枝盘号存在着乘幂关系。这与毛竹钩梢后的情况类似[5]；不同的是毛竹钩梢后叶片数与剩余枝盘数的乘幂关系的待定系数遵循线性关系，酒竹并没有发现这种关系。但酒竹剩余枝盘数与累积枝、叶片数占完整植株枝数、叶片数的比例的关系可用二次函数来表述，在推导枝、叶密度分布函数时直接运用Gamma和Weibull概率密度函数进行拟合，拟合效果较好，从偏度和峰度分析可以得到，不宜用正态分布拟合。与幂函数方程和多项式方程等经验式进行拟合比较[7,8]，发现Logistic方程回归效果最好[2,5]。酒竹出笋量动态和高生长曲线均符合这一规律，不再赘述。基径、高度等参数常用来预测竹类植物的生物量。本试验发现，可以利用胸径参数进行酒竹生物量的预测，但一年生茎秆和二年生枝没有达到显著相关（$p > 0.05$），这应该与酒竹强大的气生克隆株有关，这部分数据干扰较大。

曾有研究者采用聚类方法将出笋期定量地划分为三个时期[7]，但此种方法的置信区间设置过于主观，同时对异常数据的干扰很敏感，往往产生偏差；以1个观察单元的出笋量占出笋期出笋总量的10%为界限，将出笋期划分为三个时期的方法最为常见[5,9]，但是10%的划分亦是经验性主观划分，没有考虑到非线性物理过程的自身性质。Logistic生长方程在预测中应用广泛[2,6]。我们通过对Logistic生长方程求导解析，得到三个关键期，即出笋初期、盛期和末期，进而得到Logistic曲线笋—幼竹的高生长方程的三个阶段，即渐增期、快增期、缓增期。这有助于研究者较好地掌握酒竹高生长和出笋过程的三个阶段，对增长或生长的物理过程和特性进行科学解释，为正确决策提供理论依据。

在异质性的生长条件下，克隆植物通过自身的表型可塑性，尤其是生长发育可塑性对周围环境变化产生响应，对生境做出选择[10,11]。故同一竹种在不同栽培地点所表现的特征不同。酒竹在不同的出笋期，其高生长表现出对雨量的可塑性响应：出笋初期前，雨季刚开始，由于植株吸收水分、传输营养直至克隆株发育（出笋）都有一定的时滞效应[12]，这个时期的酒竹笋发育比较迟缓，特别是进入线性生长期以前需要25～26天的准备，而进入雨季约2个月后，植株整体向克隆体汇聚营养的过程已经完善，高生长缓增期只需12天就可以完成；盛期的酒竹笋由于植株已经完成出笋的准备，笋的高生长几乎没有经历渐增期，而是直接进入快速生长期，且缓增期历时亦较短，仅为9～10天；末期酒竹笋的表现则与初期截然相反，缓增期的明显延长说明其受到环境的胁迫，自身需要做出适应和调整。与中国10种丛生竹出笋的时间和成竹率相比较[8]，酒竹出笋的时间长1个月左右，大致与栽培当地的雨季重合，故水湿条件对酒竹笋出土影响较大；集中出笋期类似，都在7月上旬；除虫害造成退笋的影响以外，酒竹成竹率较高。与毛竹、辣韭矢竹（*Pseudosasa japonica* var. *tsutsumiana*）不同[5,9]，酒竹退笋主要出现在雨季结束前后，主要原因有：①末期的雨水供应不足，土壤干燥，造成生长停止而退笋；②钩梢带篼移栽的栽培密度小，单丛可利用资源大，故总体退笋量小。

参考文献

[1] 张大勇. 植物生活史进化与繁殖生态学. 北京：科学出版社，2004.

[2] 李伟成，葛滢，盛海燕，等.濒危植物明党参种群生存过程研究. 生态学报，2004，24(6): 1137-1143.

[3] 王树东, 李伟成, 钟哲科, 等. 特用竹种——酒竹的引种繁育初报. 竹子研究汇刊, 2008, 27(3) : 27-32.

[4] 李伟成, 陈岩, 钟哲科, 等. 覆膜对酒竹干旱季节移栽和越冬的影响. 竹子研究汇刊, 2008, 27(3): 27-30.

[5] 周芳纯. 竹林培育和利用. 南京: 南京林业大学出版社, 1998: 74-115.

[6] 崔党群. Logistic曲线方程的解析与拟合优度测验. 数理统计与管理, 2005, 24(1): 112-115.

[7] 郑蓉, 郑维鹏, 黄勇, 等. 不同地理种源的麻竹笋——幼竹生长规律的研究. 竹子研究汇刊, 2004, 23(4): 17-24.

[8] 陈松河. 10种园林竹类植物出笋及幼竹高生长节律. 东北林业大学学报, 2007, 35(11): 11-26.

[9] 何奇江, 童晓青, 叶华琳, 等. 辣韭矢竹的出笋及幼竹生长节律. 林业科学, 2007, 43(6): 143-145.

[10] APHALO P J, BALLARE C L. On the importance of information-acquiring systems in plant-plant interactions. Function Ecology, 1995, 9: 5-14.

[11] IKEGAMIA M, WHIGHAMA D F, WERGERA M J A. Optimal biomass allocation in heterogeneous environments in a clonal plant-spatial division of labor. Ecological Modeling, 2008, 213: 156-164.

[12] CARACO T, KELLY C K. On the adaptive value of physiological integration in clonal plants. Ecology, 1991, 72: 81-93 .

第 8 章

冠层结构与
林下光分布

森林的冠层结构和林下光环境模拟是生态系统模型研究的热点[1]。植物群落发育和演替的过程中，光是关键的动态因子，是植物生长的驱动和限制因素[2,3]，并作为净初级生产量模型、气候过程模型、水文混合模型、生物地球化学模型等生态模型的关键变量而被重视[2,4]。冠层结构与光辐射分布密不可分，此两者在很大程度也决定了林内的微气候特征，进而影响林下植被的生长、发育和更新，以及森林群落的演替动态[5]。冠层结构和林下光照条件对植物生理和形态特征的影响决定着林下树种的更新和演替关系。量化林下辐射光照对研究林冠时空变化和林下环境异质性具有重要意义[6,7]。

勃氏甜龙竹在云南省广泛分布，属禾本科竹亚科牡竹属，为地下茎合轴丛生型，是云南优质特产笋材两用大型丛生竹之一[8]。在"退耕还林"政策的影响下，勃氏甜龙竹的栽培面积和规模迅速扩大，但目前很多集约化经营的勃氏甜龙竹人工林因林分单一、层次结构简单、生物多样性低而导致病虫害严重，生态与经济效益日趋恶化。目前对如何改善和恢复退化生态系统功能缺少相应的手段、方法和理论支持，一些勃氏甜龙竹林因此而被放弃经营。我们将勃氏甜龙竹人工林的冠层结构、林下光分布与酒竹人工林进行比较。通过对酒竹人工林（5～6年造林）和处于自然更新状态的勃氏甜龙竹生态系统（10～12年几乎无人为干扰）的冠层结构和林下光辐射的测定，并以两种竹类植物群落和立地环境因子进行解释，为酒竹和勃氏甜龙竹人工林生态系统的混交改造提供技术支撑。

8.1 材料与方法

8.1.1 研究样地设置

勃氏甜龙竹与酒竹的试验基地位于云南墨江苦竹梁子和土地塘种植基地，面积约69.73hm²。

于1995—1999年、2001年和2003年分三阶段在云南墨江苦竹梁子种植基地退耕还林（栽种勃氏甜龙竹和龙竹）后，勃氏甜龙竹、龙竹与原有林地呈斑块状镶嵌状态，林地处于自然更新状态，几乎没有人为干扰。本试验选取的是10～12年林分的勃氏甜龙竹。斑块状镶嵌状态下有勃氏甜龙竹的纯林，林下灌木和草本稀少，主要有白花酸藤子（*Embelia ribes*）、蕨（*Pteridium aquilinum* var. *latiusculum*）、棕叶狗尾草（*Setaria palmifolia*）、牛白藤（*Hedyotis hedyotidea*）、梁子菜（*Erechtites hieracifolia*）、火炭母（*Polygonum chinense*）、青紫葛（*Cissus javana*）、水锦树（*Wendlandia uvariifolia*）、黑面神（*Breynia fruticosa*）、山合欢（*Albizia kalkora*）、大乌泡（*Rubus multibracteatus*）、刺芒野古草（*Arundinella setosa*）、夏枯草（*Prunella vulgaris*）、香薷（*Elshohzia cliata*）和堇菜（*Viola verecunda*）等；也有勃氏甜龙竹与阔叶树或者针叶树的混交林，主要混交树种有西南桦（*Betula alnoides*）、石栎（*Lithoearpus glaber*）、高山栲（*Castanopsis delavayi*）和思茅松（*Pinus kesiya* var. *langbianensis*）等，多为次生状态。

于7—8月，在试验地选择面积为25m×25m的勃氏甜龙竹样地11块（海拔1586～1610m），编号，同时使用Garmin-eTrex 301记录试验地的经纬度、坡向、坡位和海拔等数据。样地基本特征见表8-1。

表8-1　勃氏甜龙竹样地基本概况

样地号	经纬度	坡向	坡位	平均海拔/m	丛数/丛	立竹秆数/秆	平均立秆数/（秆/丛）	平均胸径/cm	腐殖质层厚度/cm	林下盖度/%
01	101°44′5.08″E 23°28′34.25″N	W→N37°	中坡	1592	31	296	9.55	10.33±2.06[b]	9.58±3.29[bc]	90
02	101°44′6.93″E 23°28′34.08″N	W→N69°	山顶	1595	30	172	5.73	6.64±2.73[a]	2.45±1.60[a]	30
03	101°44′6.50″E 23°28′34.95″N	W→N18°	下坡	1586	29	257	8.86	12.61±2.88[b]	16.40±5.03[c]	100

续表

样地号	经纬度	坡向	坡位	平均海拔/m	丛数/丛	立竹秆数/秆	平均立秆数/（秆/丛）	平均胸径/cm	腐殖质层厚度/cm	林下盖度/%
04	101°44′5.27″E 23°28′31.60″N	W→N53°	中坡	1613	30	245	8.17	9.77±3.21ab	10.03±4.11bc	90
05	101°44′3.40″E 23°28′32.18″N	E→N81°	山顶	1610	26	177	6.81	6.51±2.17a	5.34±1.48ab	60
06	101°44′1.41″E 23°28′36.60″N	E→N72°	上坡	1595	28	185	6.61	7.28±1.44a	4.20±2.12ab	40
07	101°44′0.19″E 23°28′36.60″N	E→N26°	中坡	1603	27	235	8.70	9.02±2.80ab	8.53±5.16bc	80
08	101°43′58.97″E 23°28′37.30″N	E→N18°	山顶	1610	24	107	4.46	5.72±2.03a	3.23±0.75ab	60
09	101°44′0.33″E 23°28′41.03″N	E→S22°	中坡	1588	27	173	6.41	7.49±3.18ab	8.82±4.71bc	80
10	101°43′58.68″E 23°28′39.18″N	E→S40°	上坡	1601	28	132	4.71	6.46±1.49a	5.09±3.97ab	70
11	101°44′0.96″E 23°28′33.45″N	E→N10°	山顶	1606	25	113	4.52	6.02±1.78a	4.24±2.59ab	50

注：①环境因子半量化、属性和等级数据的量化标准为：山顶 =1，中坡 =2，下坡 =3，上坡 =4；以顺时针分割坡向，即 E→S=1，S→W=2，W→N=3，N→E=4。

②相同字母表示差异不显著（$p>0.05$）；不同字母表示差异显著（$p<0.05$）

同时，在试验地选择 25m × 25m 的酒竹样地 6 块（海拔 1243～1628m），编号，其他数据记录同勃氏甜龙竹样地。样地基本特征见表 8-2。

表8-2　酒竹样地基本概况

样地号	经纬度	坡向	坡位	平均海拔/m	丛数/丛	立竹秆数/秆	平均立秆数/（秆/丛）	平均胸径/cm	腐殖质层厚度/cm	林下盖度/%
12	101°44′03.98″E 23°28′31.50″N	E→S56°	中坡	1246	22	199	9.05	8.05±3.11a	4.04±0.81ab	60
13	101°44′03.56″E 23°28′31.92″N	E→S68°	下坡	1243	13	109	8.38	8.51±2.17a	3.86±0.67a	70
14	101°44′06.99″E 23°28′29.96″N	W→N11°	中坡	1618	18	137	7.61	5.04±3.19a	13.81±4.08c	90

样地号	经纬度	坡向	坡位	平均海拔/m	丛数/丛	立竹秆数/秆	平均立秆数/(秆/丛)	平均胸径/cm	腐殖质层厚度/cm	林下盖度/%
15	101°44'05.14"E 23°28'30.93"N	N→E8°	中坡	1603	16	111	6.94	5.67±2.66^a	8.65±3.20^c	90
16	101°44'03.07"E 23°28'30.15"N	N→E33°	下坡	1628	23	125	5.43	4.29±3.75^a	7.09±3.15^{bc}	80
17	101°44'02.63"E 23°28'32.38"N	N→E42°	中坡	1602	26	130	5.00	6.13±2.27^a	11.63.20±4.22^c	80

注：①环境因子半量化、属性和等级数据的量化标准为：山顶 =1，中坡 =2，下坡 =3，上坡 =4；以顺时针分割坡向，即 E→S=1，S→W=2，W→N=3，N→E=4。

②相同字母表示差异不显著（$p>0.05$）；不同字母表示差异显著（$p<0.05$）

8.1.2 数据采集

采用鱼眼数码相机于酒竹和勃氏甜龙竹样地获取植被冠层的球形影像。调查样地属于乔灌草群落结构。乔木层以酒竹和勃氏甜龙竹为主；酒竹高4～6m，灌木层高0.3～0.5m；勃氏甜龙竹高12～15m，灌木层高0.5～0.8m。故两种林分的拍摄高度均设置为1.0m，操作时尽量避免将灌木层拍入照片。

在7—8月天气晴朗的9：00—11：00和14：00—16：00，在上述样地内对冠层拍照。沿样地对角线选样地内部每隔2～4m作为拍照点，每个样地选取8～12个拍照点，每个拍照点拍3张照片，同一拍照点重复拍照时保持原位，尽量减少不同拍照地点获取的照片视野交叉[3]；分析勃氏甜龙竹冠层图像，在参数设置中输入样地经度、纬度和海拔数据，其他选择默认属性，由此获得一系列冠层结构和光辐射指标[6]。本研究使用的指标包括光合光量子通量密度、林分开阔度和叶面积指数等内容。同时，清点样地中勃氏甜龙竹丛数和总立竹秆数，计算平均立秆数；量取胸径数据，计算平均胸径；在拍照点做土壤剖面，以土壤颜色和疏松程度判断腐殖质层厚度；指定一个研究人员专门负责估计林下盖度。

8.1.3 数据分析

采用林分开阔度、光合光量子通量密度、散射光立地系数、直射光立地系数、综合光立地系数和叶面积指数作为分析指标。同时，计算冠层消光系数，即由Beer-Lambert方程求出[9]：

$$k=-\ln\left(\frac{I_0}{I_z}\right)/I_L$$

式中：k为消光系数；I_0为穿透林冠到达林下的总辐射；I_z为冠层顶部总辐射；I_L为叶面积指数。

根据冠层结构和林下光辐射参数（林分开阔度、光合光量子通量密度、散射光立地系数、直射光立地系数、综合光立地系数、叶面积指数和消光系数）、立竹参数（立竹丛数、立竹秆数、密度、平均胸径）和立地参数（坡向、坡位、海拔、林下盖度、腐殖质层厚度），用Ward法（欧氏距离）对样地进行聚类分析。采用CANOCO软件，以7×17维多度矩阵和17×9维环境因子矩阵进行典范对应分析（CCA）[10]，分析样地立竹和立地参数对林下光辐射分布的影响。同时，用Monte Carlo方法（用随机矩阵计算作为约束条件的特征向量范围）对CCA排序结果进行检验。采用SPSS进行参数的分差分析多重比较。

8.2 结果与分析

8.2.1 样地聚类

根据表8-1～表8-3，所有样地大致可以分为两大类：山顶和上坡地段为一类，简称Ⅰ类；中坡和下坡地段为一类，简称Ⅱ类（见图8-1）。其中，勃氏甜龙竹有6块样地（S02、S05、S06、S08、S10和S11）属Ⅰ类样地，主要特征为勃氏甜龙竹平均立秆数较小（4.46～6.81秆/丛），平均胸径较细（5.72cm±2.03cm～6.64cm±2.73cm），腐殖质层较薄（2.45cm±1.60cm～5.34cm±1.48cm），林下盖度较小（30%～70%），林分开阔度较大（30.08%±6.22%～39.16%±12.73%），光合光量子通量密度高[24.56 mol/(m²·d)±3.73mol/(m²·d)～30.05mol/(m²·d)±6.29mol/(m²·d)]和叶面积指数较低（1.37±0.36～1.77±0.48）。而酒竹的6块样地（S12～S17）均属Ⅱ类样地，平均立秆数为5.43～9.05秆/丛，苦竹梁子S12和S13样地腐殖质层较薄，而S14～S17样地腐殖质层较厚（7.09cm±3.15cm～13.81cm±4.08cm），林下盖度比土地塘样地的高。勃氏甜龙竹Ⅱ类样地，如S01、S03、S04、S07和S09平均立秆数大（6.41～9.55秆/丛），平均胸径较粗（7.49cm±3.18cm～12.61cm±2.88cm），腐殖质层较厚（8.53cm±5.16cm～16.40cm±5.03cm），林下盖度较大（80%～100%），林分开阔度较小（18.53%±4.65%～24.03%±5.38%），光合光量子通量密度低［9.78mol/(m²·d)±2.53mol/(m²·d)～13.65mol/(m²·d)±3.75mol/(m²·d)］，与Ⅰ类样地有显著差异（p<0.05），且叶面积指数较高（1.88±0.40～2.98±0.65）。

表8-3 样地冠层结构和光辐射指标

样地类型	样地号	林分开阔度/%	光合光量子通量密度/[mol/(m²·d)]	光辐射立地系数/%			叶面积指数	消光系数
				散射光立地系数	直射光立地系数	综合光立地系数		
勃氏甜龙竹山顶和上坡（Ⅰ类样地）	02	39.16±12.73ab	30.05±6.29a	47.06±15.25a	44.30±11.82a	46.70±9.84a	1.54±0.41cd	0.49
	05	37.46±4.74a	29.71±6.90a	45.83±12.62a	42.54±12.06a	45.22±10.03a	1.72±0.21c	0.46
	06	30.08±6.22abcd	25.77±5.13a	40.70±8.57a	36.81±10.43a	40.28±6.11a	1.77±0.48abc	0.51
	08	32.77±6.03abc	27.98±8.36a	42.16±10.37a	39.98±7.02a	41.73±8.13a	1.41±0.34c	0.54
	10	34.20±5.31ab	24.56±3.73a	39.85±7.56a	35.77±6.05a	39.06±5.28a	1.37±0.36abc	0.50
	11	30.18±4.05abcd	27.49±5.66a	37.25±9.08a	34.03±7.48a	36.75±6.39a	1.70±0.33abc	0.59
勃氏甜龙竹中坡和下坡（Ⅱ类样地）	01	24.03±5.38bcd	13.65±3.75b	29.33±8.42ab	26.19±7.01ab	28.96±5.51ab	2.05±0.37abc	0.60
	03	20.91±6.36cde	9.78±2.53b	25.78±4.09b	21.93±3.98b	25.03±3.36b	2.41±0.39a	0.57
	04	19.04±2.12e	10.88±1.94b	24.73±8.84ab	20.08±6.25b	24.25±6.07b	2.31±0.43ab	0.61
	07	18.53±4.65e	11.42±4.06b	20.16±3.01b	18.27±2.39b	19.59±2.80b	2.98±0.65a	0.61
	09	22.15±4.26de	13.01±2.66b	20.74±5.10b	17.95±3.22b	20.42±5.91b	1.88±0.40abc	0.80
酒竹中坡和下坡（Ⅱ类样地）	12	51.25±7.20c	50.47±3.25d	45.63±8.16bc	39.08±6.27b	43.60±6.55c	1.29±0.52a	0.43
	13	46.06±9.61bc	37.19±3.70c	47.46±6.63c	42.36±7.11b	45.15±10.03bc	1.37±0.51a	0.46
	14	39.54±4.08b	32.08±4.14bc	42.91±7.52bc	34.22±5.08b	40.29±7.79c	1.64±0.33a	0.51
	15	28.47±3.77a	18.51±3.09a	22.88±4.91a	19.14±3.83a	21.18±4.92a	2.16±0.40a	0.63
	16	33.50±6.75ab	23.76±4.81ab	29.15±6.24ab	35.19±6.76b	32.08±5.18b	2.03±0.47a	0.55
	17	42.88±5.84bc	29.60±2.84b	34.11±8.99ab	40.05±12.65b	38.49±6.32bc	1.84±0.36a	0.60

注：相同字母表示差异不显著（p>0.05）；不同字母表示差异显著（p<0.05）

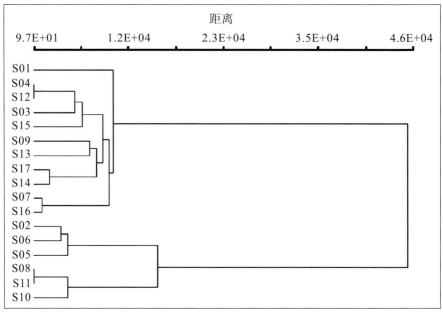

图 8-1　酒竹与勃氏甜龙竹的样地聚类图

8.2.2　不同立地条件下的冠层特性与光辐射指标差异

　　林分开阔度是经过补偿计算剔除了植被阻隔的影响而得出的实际冠层林隙分数，在一定程度上决定着光的分布[11]。酒竹样地均为 5.0m × 5.0m 的规划株行距，S12 样地林分开阔度最高，S15 样地最低，其他样地相差无几。林分开阔度的高低直接导致样地的光合光量子通量密度和光辐射立地系数的高低，6 块样地的消光系数为 0.43～0.60（见表 8-3）。勃氏甜龙竹样地的林分开阔度为 18.53%±4.65%～39.16%±12.73%，总体而言，由勃氏甜龙竹 I 类样地到 II 类样地郁闭度逐渐上升，但也有样地（如 S01、S02、S03、S06、S08 和 S11）竹丛分布不均匀，有小型林窗和直射光斑，导致其测量数据误差较大（见表 8-3）；光合光量子通量密度是最直观的光辐射参数，为 9.78mol/(m² · d)±2.53 mol/(m² · d)～30.05mol/(m² · d)±6.29mol/(m² · d)，其 I 类样地与 II 类样地的差异显著（$p<0.05$），表明随着样地立地条件的改善（腐殖质层厚的上升），林下光合光量子通量密度下降明显，勃氏甜龙竹林冠对光的截获能力上升；同为光辐射参数，散射光立地系数、直射光立地系数和综合立地系数的结果类似，除个别样地的数据误差范围较大而造成差异不显著（$p>0.05$）外，此 3 种光辐射立地系数对光合光量子通量密度有较好的响应，直射光减少的量比散射光多；由Ⅰ类样地到Ⅱ类样地的腐殖质层变厚（见表8-1），土壤营养条件变佳，叶面积指数变大，而勃氏甜龙竹的消光系数也随之上升［Ⅰ类样地平均消光系数（0.52）＜Ⅱ类样地平均消光系数（0.64）］，Ⅰ类样地与Ⅱ类样地勃氏甜龙竹的消光系数（0.46～0.80）与阔叶树消光系数（0.50～0.80）的标准相近[12]。

8.2.3　冠层结构和林下光辐射的影响因子

图8-2为酒竹、勃氏甜龙竹样地中立竹、立地参数与冠层结构、林下光辐射因子间关系的CCA排序图。冠层结构、林下光环境参数与立竹、立地的相关性见表8-4。Monte Carlo检验（随机种子运行999次）表明，所有三维轴的压力值都比随机方案小（$p=0.048<0.05$），说明结果可信。第一轴、第二轴与立竹、立地因子间相关性特征值为0.003和0.002，冠层结构、林下光辐射与立竹、立地参数的相关系数为0.951和0.903，方差累计贡献率达到92.4%。

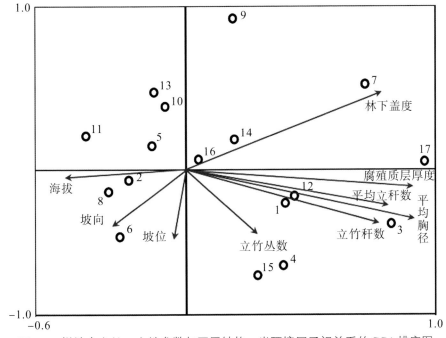

图8-2　样地中立竹、立地参数与冠层结构、光环境因子间关系的CCA排序图

注：图中箭头表示环境因子，箭头连线的长短表示相关性的大小，箭头所处的象限表示环境因子与排序轴之间相关性的正负

表8-4　立竹、立地和林下光环境因子的相关性

统计项	CCA排序轴			
	Axes 1	Axes 2	Axes 3	Axes 4
特征值	0.003	0.002	0.001	0.001
林下光辐射与立竹、立地参数的相关性	0.951	0.903	0.886	0.507
林下光辐射方差累计贡献率	73.4	82.6	90.1	91.2
林下光辐射与立竹、环境关系方差累计贡献率	74.4	92.4	95.5	98.1
Monte Carlo检验排序轴相关性显著性	$p=0.048<0.05$			

从图8-2可以看到，冠层结构、林下光辐射环境与海拔（-0.0008）、坡向（-0.3022）、坡位（-0.3764）和立竹丛数（0.4512）相关性不大（$p>0.1$）。在第一象限，林下盖度与第一轴的相关性为0.7761（$p<0.1$）；在第二象限，立竹参数，如立竹秆数、平均立秆数和平均胸径与第一轴的相关性分别为0.8416、0.8335和0.9512（$p<0.05$），此3项立竹参数与样方的关系类似，趋势近似；腐殖质层厚度与第一轴的相关性为0.8830（$p<0.05$），表明沿第一轴从左到右，林下盖度、立竹秆数、平均立杆数、平均胸径和腐殖质层厚度逐渐上升，与第一轴正相关。Ⅰ类样地与Ⅱ类样地对于环境因子的垂直距离与图8-1所示的聚类结果有较好的契合度。

8.3　讨论

排序轴反映一定的生态梯度，从中可以直观地看出立竹、立地因子对冠层结构和林下光辐射的主要影响因素。本研究发现，CCA排序较好地解释了立竹、立地因子对冠层结构和林下光辐射的影响；在冠层结构和林下光辐射的影响因子中，立竹参数（除立竹丛数外）与腐殖质层厚有很好的一致性，腐殖质（养分）是立竹参数的根本，而人工林中立竹丛数是人为参数，在西南山区造林，竹丛丛数的多少（保存率）更多的是受到土壤水分的影响；由于各样地之间的相对海拔相差不大，所以分析中并没有显示其差异；分析中并没有显示坡向是构成冠层结构和林下光辐射变化的主要影响因子；对于地形而言，聚类和CCA分析都表明山顶和山脊可合并，而山顶—山谷和山谷（中坡和下坡）可以合并为一类，若细分则意义不大；从样地点到影响因子射

线的垂直距离可以判断，中坡和下坡地段（Ⅱ类样地）受到腐殖质层厚度、林下盖度、立竹参数（除立竹丛数外）的影响明显大于山顶和上坡地段（Ⅰ类样地），这与区余端等[5]的研究结果有类似之处。

本研究中，酒竹的样地刚造林不久，受人为干扰较大，但由于试验地所处的地区优越的水热条件，就林相、林下群落、土壤特征而言，与几乎处于自然更新状态的勃氏甜龙竹与龙竹群落相差无几。由于立地条件的限制，勃氏甜龙竹生长的环境迥异，虽然勃氏甜龙竹为喜肥物种，但本研究表明，勃氏甜龙竹可适应多样的立地环境。山顶和上坡地段（Ⅰ类样地）虽然阳光充足，但勃氏甜龙竹的生长环境极其恶劣，水分容易流失，养分易被淋溶，且风速较大，不利于高生长，故平均立秆和胸径参数较低，在数据上表现为叶面积指数低，冠层结构参数下降，透光率较大，林分开阔度、光合光量子通量密度和光辐射立地系数高，林下光辐射上升，林下生境无灌木层，生物多样性低，其草本层稀疏，土壤层多裸露，林相多小型林窗。

中坡和下坡地段（Ⅱ类样地）的群落发育程度优于Ⅰ类样地。酒竹样地条件较为优越；勃氏甜龙竹的S01、S03和S04有多株混交的西南桦、石栎和思茅松，乔、灌、草各层完善。由于树种组成、冠层结构及枝叶分布情况的差异，太阳辐射透过林冠后会发生很大的变化，使群落内的光辐射及冠层结构指标产生明显差异[4]，较好的群落综合环境使得此类样地的酒竹和勃氏甜龙竹叶面积指数上升，这意味着地上生物量提高，增加了树体对太阳辐射的截获量，群落透光率下降，林分的郁闭度变大，林冠上层截获太阳辐射上升，林下光照减少，林分开阔度较大，表示林内光环境较好，有利于林下层的生长、发育和演替更新[7]，消光系数较高，一定程度上提高了光能利用效率，有利于产量的增加、经济效益的提高。

因此，在上述酒竹和勃氏甜龙竹的两大类样地，仅有光环境并不能形成群落的环境优势，需要有综合的环境因子（光、温、水和养分）以保障林下群落发育。在群落尺度上，林内光照条件是影响酒竹和勃氏甜龙竹人工林更新的主导因子。Ⅰ类样地上的光照强度总体上较为强烈，而叶面积指数整体偏低，故建议此类群落不需要再开辟林窗，而需要在林窗中补植适合的混交乔木；Ⅱ类样地中，较小的林分开阔度和消光系数也有利于群落更新，根据实际情况可适时开辟林窗，适当补植一定数量的耐阴树种，抚育间伐，疏笋，令各种树种根系优势互补、协调共生，有利于提高林分生产力。在群落尺度上，酒竹和勃氏甜龙竹种植过程中可以考虑混交一定数量的耐阴树种，以增加群落的生境多样性和可占据生态位的多样性。

参考文献

[1] NIINEMETS U. A review of light interception in plant stands from leaf to canopy in different plant functional types and in species with varying shade tolerance. Ecology Research, 2010, 25: 693-714.

[2] BALDOCCHI D D, WILSON K B, GU L H. How the environment, canopy structure and canopy physiological functioning influence carbon, water and energy fluxes of a temperate broad-leaved deciduous forest—an assessment with the biophysical model CANOAK. Tree Physiology, 2002, 22: 1065-1077.

[3] 贾小容，苏志尧，区余端，等. 三种人工林分的冠层结构参数与林下光照条件. 广西植物，2011，31(4): 473-478.

[4] DUURSMA R A, FALSTER D S, VALLADARES F, et al. Light interception efficiency explained by two simple variables: a test using a diversity of small- to medium-sized woody plants. New Phytologist, 2012, 193: 397-408.

[5] 区余端，苏志尧. 粤北山地常绿阔叶林自然干扰后冠层结构与林下光照动态. 生态学报，2012，32(18): 5637-5645.

[6] 成向荣，冯利，虞木奎，等. 杭州湾北岸沿海防护林冠层结构及林下光环境. 浙江林学院学报，2010，27(6): 872-876.

[7] BARRO R S, SAIBRO J C, VARELLA A C, et al. Morphological acclimation and canopy structure characteristics of *Arachis pintoi* under reduced light and in full sun. Tropical Grasslands—Forrajes Tropicales, 2014, 2: 15-17.

[8] 耿伯介，王正平. 中国植物志：第9卷第1分册. 北京：科学出版社，1996: 189-190.

[9] 刘志刚，马钦彦，潘向丽，等. 华北落叶松人工林放叶过程中的辐射特征. 生态学报，1997，17(5): 519-524.

[10] 高末，胡仁勇，陈贤兴，等. 干扰、地形和土壤对温州入侵植物分布的影响. 生物多样性，2011，19(4): 424-431.

[11] RICH P M, CLARKD D B, CLARKD D A, et al. Long-term study of solar radiation regimes in a tropical wet forest using quantum sensors and hemispherical photography. A cultural and Forest Meteorology, 1993, 65(1/2): 107-127.

[12] 张彦雷，康峰峰，韩海荣，等. 太岳山油松人工冠下光环境特征与冠层结构. 南京林业大学学报(自然科学版)，2014，38(2): 169-174.

第 9 章

旱季与雨季植株生理
生态特征的变化

随着全球气候变暖，降水格局发生变化，干旱等极端气候事件频繁发生[1]，特别是在一些旱季、雨季明显的地区，引起的水分变化对植物生长和分布的影响越来越突出。植物在不断与环境相互协调的过程中，形成一系列对自然条件的响应和适应机制，而这种适应性改变往往是光合碳同化途径进化的前提和基础[2]。在特定环境条件下，植物的生理生化功能会发生相应的改变[3]，这是植物对逆境的适应性进化结果，是植物增强生存能力和竞争能力的需要。因而，对光合途径的认识有助于对干旱地区植被的适应性生存机理研究。

光合作用既是能量转化过程，又是同化CO_2进行干物质积累，形成初级生产力的过程。这一特点使光合作用成为生态系统能量流动规律研究、植物生产力形成机制研究和全球碳平衡研究中的关键环节，其研究一直是生理生态学领域的一项经典工作[4]。目前，解决人类面临的一些突出的环境问题，如气候变暖、生物多样性减少和种质资源保护等，需要研究者对光合作用这一基础而意义深远的功能和过程有深入的研究[5]。光合作用是决定植物在不同地域生存和竞争成败的关键因素之一，故研究光合作用过程中植物的变化有助于阐明植物对环境变化的适应性。探讨干旱季节胁迫对引种植物的影响，分析其气体交换、叶绿素荧光、吸收光能和电子流分配在不同季节环境下的光合功能可塑性等，对于预测其对引种地环境的适应程度及高效栽培、种质保存具有重要意义。

9.1 材料与方法

9.1.1 试验材料

4月中下旬雨季前，于云南墨江土地塘种植基地进行酒竹母竹钩梢带箨移栽，株行距5.0m×5.0m，按育苗要求进行圃地整地作床，松土。

9.1.2　光合作用日进程参数测定

分别于酒竹栽种的第2年10月（雨季临近结束）和第3年4月（旱季临近结束），每天6：00—18：00，使用LI-6400便携式光合作用测量分析仪测量酒竹的光合作用日进程。选择新秆（当年生）冠层中部（第7~9节）东南方向的一级枝顶端充分伸展且生长状况较为一致的第2~3片叶作为测试样本，每丛3个重复（结果取平均值），进行定位标记，以便各项指标的跟踪重复测定。

完成净光合速率（P_n）的测定，同时测定的还有蒸腾速率（T_r）、气孔导度（G_s）、胞间CO_2浓度（C_i）等气体交换指标，以及叶片温度（T_l）、大气CO_2浓度（C_a）等环境因子。根据测定的气体交换指标计算叶片气孔限制值（$L_a = 1-C_i/C_a$）、水分利用效率（$WUE = P_n/T_r$）和叶片的光能利用效率（$PE = P_n/PAR$）。

9.1.3　光响应生理参数测定

叶片选择与上同。

选择晴朗的天气，于9：00—12：00用LI-6400便携式光合作用测量分析仪和6400-02B LED红蓝光源进行光响应曲线的测定。

利用改进的直角双曲线模型[6]$P_n = \alpha \dfrac{PAR-\beta \times PAR}{PAR-\gamma \times PAR} PAR - R_d$，拟合确定光响应曲线，计算得到最大净光合速率（$P_{max}$）、光饱和点（$LSP$）、光补偿点（$LCP$）、暗呼吸速率（$R_d$）和光补偿点光量子效率（$\varphi_c$）等参数。其中，$PAR$为光量子通量密度；$\alpha$为光响应曲线的初始斜率（即在$PAR=0$时的斜率）；$\beta$为修正系数；$\gamma$为光响应曲线初始斜率与最大净光合速率之比（即$\gamma = \alpha/P_{max}$）。红蓝光源LED设定的光强梯度为：0、20、50、80、100、150、200、500、1000、1500、2000、2200μmol/(m²·s)。根据测定0~200μmol/(m²·s)光强下的净光合速率值，拟合回归所得直线的斜率为表观光量子效率（φ_{AQY}）[4]。

9.1.4　叶绿素荧光参数测定

采用LI-6400便携式光合作用测量分析仪配套LI-6400-40荧光叶室，叶片暗适应1晚（12~15h）后进行测定，3次重复，取样方法同上。获取参数：初始荧光（F_0）、可变荧光（F_v）、最大荧光（F_m）、PS II 原初光能转换效率（F_v/F_m）、光下最小荧光（F_0'）、光下最大荧光（F_m'）、光化学猝灭系数 qP〔$=(F_m'-F_s)/(F_m'-F_0')$〕、非光化学猝灭系数 NPQ（$=F_m/F_m'-1$）、PS II 电子传递量子效率 φ_{PSII}〔$=(F_m'-F_s)/F_m'$〕、PS II 光能捕获效率 F_v'/F_m'〔$=(F_m'-F_0')/F_m'$〕；PS II 非循环光合电子流速率（ETR）由公式给出：

$$ETR = 0.5 \times Yield \times PAR \times Abs$$

式中：$Yield$ 为 PS II 实际量子产量；PAR 为光量子通量密度；Abs 为叶片的吸光系数；系数 0.5 为分配给 PS II 的光能的比例[7]。

9.1.5　数据分析方法

试验数据处理由 SPSS 完成。

9.2　结果与分析

9.2.1　光合作用日进程参数

净光合速率（P_n）及其气孔导度（G_s）的日进程见图9-1。4月，东南向叶片于早晨7∶30左右 P_n 由负值转为正值，说明在这个时间段光合速率超过了呼吸速率，西北向叶片稍晚；东南向叶片于9∶30左右出现全天第一个 P_n 高峰，为 13.0361μmol CO_2/(m² · s)，此后 P_n 呈下降趋势，14∶30左右出现次高峰，但不明显，此时 P_n 为 10.8122μmol CO_2/(m² · s)；西北向叶片的 P_n 在10∶30以后渐渐大于东南向叶片，并于11∶30左右出现 P_n 高峰，为 12.6190μmol CO_2/(m² · s)，其高峰值略小于东南向叶片，此后都以明显大于东西向叶片的 P_n 进行光合作用；直至14∶30以后，西北向叶片与东南向叶片的 P_n 差异不显著（$p>0.05$）。内部叶片的 P_n 日进程表明，内部叶片全天都在进行着低速率的光合作用，全天 P_n 都在 2μmol CO_2/(m² · s) 以下，于13∶30左右出现 P_n 峰值，为 2.0188μmol CO_2/(m² · s)。10月，西北向叶片与东南向叶片的 P_n 日进程都表现出单峰状态，在11∶30前东南向叶片的 P_n 稍大于西南向叶片；东南向叶片和西北向叶片都在12∶30左右达到 P_n 高峰，分别为 13.6724 和 13.7214μmol CO_2/(m² · s)；此后，东南向叶片的 P_n 都小于西南向叶片，但两者的全天的 P_n 差异不显著（$p>0.05$）。内部叶片比4月时状态更差，P_n都在1.5μmol CO_2/(m²·s)以下。不同季节的G_s日变化基本与P_n日进程同步。4月，东南向叶片分别在9：30和14：30出现G_s高峰，分别为0.1926和1359μmol CO_2/(m²·s)；西北向叶片则在11：30出现G_s高峰，为0.1647μmol CO_2/(m²·s)；内部叶片亦在13：30左右出现G_s峰值。与4月相比，10月的东南向叶片和西北向叶片的G_s曲线都呈现单峰状，于12：30出现峰值，分别为0.1434和0.1347μmol CO_2/(m²·s)，分别是4月的74.45%和81.79%。

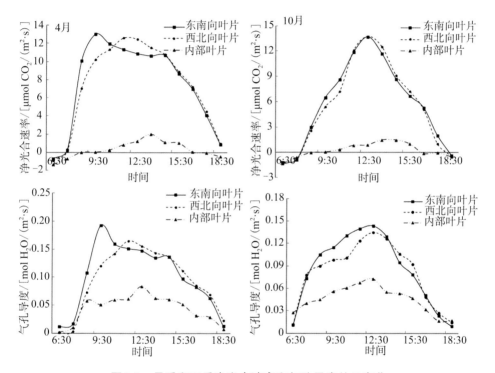

图9-1　旱季和雨季净光合速率和气孔导度的日变化

　　旱季的午前，酒竹光能利用效率（PE）峰值比P_n峰值提早1h左右出现，这主要是由测量中有效光辐射的波动引起的，同时也说明酒竹P_n所对应的光照强度弹性较大，其光系统的适应范围较广，可以适应较大范围的光照强度。同样的结果出现在雨季的午前和午后。而旱季的午后PE的峰值几乎与P_n的峰值同时出现。总体而言，雨季的PE比较平稳。

　　图9-2所示为胞间CO_2浓度（C_i）和蒸腾速率（T_r）的日变化。旱季和雨季不同方向叶片的C_i有类似之处：早晨和傍晚的C_i都比较高，之后平稳下降，

至13：30左右有小高峰出现；10月的C_i变化幅度比4月的大；同样的，C_i小高峰的值也比4月大，差异显著（$p<0.05$），4月的内部叶片没有出现这样的小高峰。不同季节不同方向叶片T_r在早晨和傍晚较低，基本都在12：30左右达到当天的高峰；同一季节不同方向叶片的T_r日变化差异不显著（$p>0.05$）；10月的东南向叶片和西北向叶片的T_r分别为4.7404和4.6246mmol $H_2O/(m^2 \cdot s)$，4月分别为3.7206和3.4229mmol $H_2O/(m^2 \cdot s)$，10月的T_r明显比4月小，差异显著（$p<0.05$）；内部叶片的T_r与P_n类似，处于比较低的状态，4月和10月的最大值分别为0.9378和1.0045mmol $H_2O/(m^2 \cdot s)$。

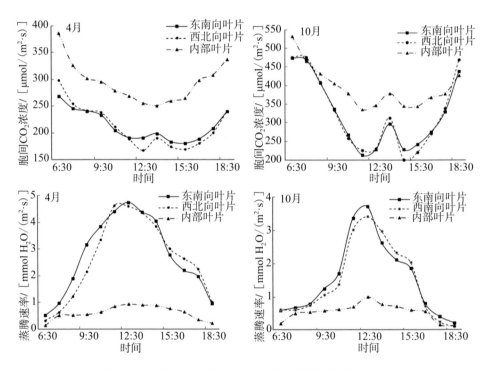

图9-2　旱季和雨季胞间CO_2浓度、蒸腾速率的日变化

图9-3为东南向叶片的气孔限制值（L_a）、水分利用效率（WUE）和光能利用效率（PE）的日变化。可以发现，不同季节的L_a与G_s、C_i有直接的联系[4]（见表9-1、表9-2）；4月，L_a分别在9：30和13：30左右出现了低值，分别为0.3656和0.4655；10月则在12：30左右出现低值，为0.3268；而不同季节早晨和傍晚的L_a都较低，是因为大气CO_2浓度（C_a）上升。不同季节的WUE日变化表现

较统一，与蒸腾作用有直接联系[8]（见表9-1、表9-2），但在*WUE*第一个峰值
出现的时间段各季节不同，4月出现于8：30，而10月出现于10：30。不同季节
的*PE*日变化也表现得比较统一，分别于9：30和16：30左右出现峰值，其第一
个峰值的出现是因为经过一定时间的光诱导后P_n上升，而第二个峰值是光量
子通量密度减少所造成的。

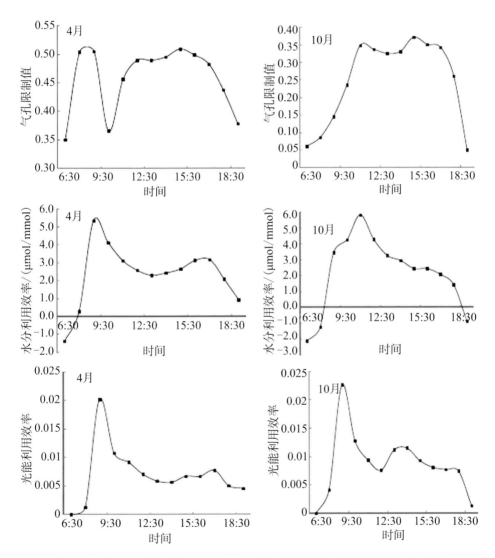

图9-3　旱季和雨季气孔限制值、水分利用效率和光能利用效率的日变化

表9-1　雨季光合作用日进程参数的相关性和显著性

		P_n	G_s	C_i	T_r	T_{leaf}	PAR	L_a	WUE	PE
相关性	P_n	1.0000	0.9775	−0.6246	0.8688	0.5942	0.7520	0.2834	0.8077	0.6226
	G_s		1.0000	−0.5560	0.8736	0.5585	0.7207	0.1625	0.7144	0.5191
	C_i			1.0000	−0.7642	−0.9081	−0.8721	−0.6409	−0.4455	−0.0986
	T_r				1.0000	0.8662	0.9508	0.3449	0.4778	0.2241
	T_{leaf}					1.0000	0.9533	0.5211	0.2582	−0.0313
	PAR						1.0000	0.4891	0.3956	0.1084
	L_a							1.0000	0.4008	0.2433
	WUE								1.0000	0.9036
	PE									1.0000
显著性	P_n		0.0000	0.0225	0.0001	0.0322	0.0030	0.3481	0.0008	0.0230
	G_s			0.0485	0.0001	0.0473	0.0055	0.5958	0.0061	0.0691
	C_i				0.0024	0.0000	0.0001	0.0183	0.1271	0.7485
	T_r					0.0001	0.0000	0.2484	0.0987	0.4618
	T_{leaf}						0.0000	0.0678	0.3943	0.9192
	PAR							0.0898	0.1809	0.7243
	L_a								0.1747	0.4231
	WUE									0.0000
	PE									

注：P_n表示净光合速率；G_s表示气孔导度；C_i表示胞间CO_2浓度；T_r表示蒸腾速率；T_{leaf}表示叶温；PAR表示光量子通量密度；L_a表示气孔限制值；WUE表示水分利用效率；PE表示光能利用效率

4月的P_n与C_i、T_{leaf}和PE相关性差异显著（见表9-1），其中与C_i呈负相关性，与G_s、T_r、PAR和WUE相关性达到了差异极显著；G_s与C_i、T_{leaf}相关性差异显著，其中与C_i呈负相关性，与T_r、PAR和WUE相关性差异极显著，与PE有微弱的正相关性；C_i与L_a呈负相关性，与T_r、T_{leaf}和PAR呈极显著的负相关性；T_r与T_{leaf}、PAR呈极显著的正相关性，与WUE有微弱的正相关性；T_{leaf}与PAR呈极显著的正相关性，与L_a有微弱的正相关性；PAR与L_a有微弱的正相关性；WUE与PE呈极显著的正相关性。

10月的各个光合作用日进程参数与4月的类似，仅个别参数的差异显著性不同（见表9-2）。10月的P_n与G_s、C_i、T_r、T_{leaf}、PAR、L_a、WUE、PE的相关性均达到了极显著，其中与C_i呈负相关性；G_s与C_i、T_{leaf}、L_a相关性差异显著，其中与C_i呈负相关性，与T_r、PAR、WUE的相关性差异极显著，与PE有微弱的正相关性；C_i与T_r、T_{leaf}、PAR、L_a和WUE呈极显著的负相关性；T_r与T_{leaf}、PAR呈极显著的正相关性，与L_a有正相关性，与WUE有微弱的正相关性；T_{leaf}与PAR、L_a呈显著的正相关性，与WUE有正相关性；PAR与L_a、WUE有极显著的正相关性；L_a与WUE、PE呈极显著的正相关性；WUE与PE呈极显著的正相关性。

表9-2　旱季光合作用日进程参数的相关性和显著性

		P_n	G_s	C_i	T_r	T_{leaf}	PAR	L_a	WUE	PE
相关性	P_n	1.0000	0.8364	−0.8951	0.8967	0.8801	0.9295	0.8355	0.8021	0.4444
	G_s		1.0000	−0.5785	0.7748	0.5840	0.8002	0.5601	0.7677	0.4940
	C_i			1.0000	−0.7897	−0.9195	−0.8288	−0.9278	−0.7576	−0.4001
	T_r				1.0000	0.8612	0.9566	0.6544	0.5511	0.3047
	T_{leaf}					1.0000	0.8943	0.8614	0.5546	0.3542
	PAR						1.0000	0.7295	0.6219	0.2961
	L_a							1.0000	0.7729	0.6151
	WUE								1.0000	0.6277
	PE									1.0000
显著性	P_n		0.0004	0.0000	0.0000	0.0001	0.0000	0.0004	0.0010	0.0081
	G_s			0.0383	0.0019	0.0361	0.0010	0.0465	0.0022	0.0862
	C_i				0.0013	0.0000	0.0005	0.0000	0.0027	0.1755
	T_r					0.0002	0.0000	0.0152	0.0509	0.3115
	T_{leaf}						0.0000	0.0002	0.0492	0.2351
	PAR							0.0047	0.0232	0.3259
	L_a								0.0020	0.0252
	WUE									0.0216
	PE									

注：P_n表示净光合速率；G_s表示气孔导度；C_i表示胞间CO_2浓度；T_r表示蒸腾速率；T_{leaf}表示叶温；PAR表示光量子通量密度；L_a表示气孔限制值；WUE表示水分利用效率；PE表示光能利用效率

9.2.2 不同季节的光响应方式

图9-4为酒竹在旱季、雨季的光响应曲线。从中可以看到：旱季、雨季酒竹光响应方式可以采用改进的直角双曲线方程表达，同一季节中不同叶片在500～2000μmol/(m² · s)范围内有微弱差异（$p < 0.1$）。旱季、雨季的酒竹植株P_n随光强的变化有共同规律：在几乎无光的区域，光合作用几乎停止，植株主要表现为呼吸作用，故P_n为负值，即为暗呼吸速率；在弱光区域［1～200μmol/(m² · s)］，随光强的增加，P_n呈非线性迅速增加；光强超过2000μmol/(m² · s)时，酒竹植株P_n增加仍然较快，但旱季P_n的增幅相对下降。随着光强进一步增加，P_n增长趋于缓和，旱季先达到光饱和。

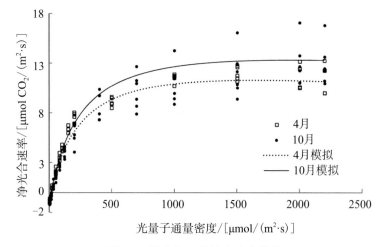

图9-4　旱季和雨季的光响应曲线

旱季、雨季的光响应方式有一定的差异。如表9-3所示，旱季和雨季的最大净光合速率（P_{max}）有微弱的差异（$p < 0.1$），分别为11.3949μmol CO_2/(m² · s) ±1.2000μmol CO_2/(m² · s)和13.1264μmol CO_2/(m² · s)±1.6106μmol CO_2/(m² · s)；饱和光照强度（LSP）有明显差异（$p < 0.05$），雨季可达近2000μmol/(m² · s)，而旱季仅达到1657.5972μmol/(m² · s)±217.8613μmol/(m² · s)；旱季和雨季的光补偿点（LCP）有微弱差异，分别为13.0584μmol/(m² · s)±2.4886μmol/(m² · s)和17.4180μmol/(m² · s)±4.4395μmol/(m² · s)；暗呼吸速率（R_d）差异不显著（$p > 0.05$）；旱季和雨季的表观光量子效率（φ_{AQY}）差异极显著（$p < 0.01$），表明旱季和雨季酒竹潜在光合能力有本质的区别。

表9-3 旱季和雨季光响应参数比较

	最大净光合速率/ [μmol CO₂/(m²·s)]	饱和光照强度/ [μmol/(m²·s)]	光补偿点/ [μmol/(m²·s)]	暗呼吸速率/ [μmol/(m²·s)]	表观光量子效率	R^2
4月	11.3949±1.2000	1657.5972±217.8613	13.0584±2.4886	−0.9562±0.1386	0.0359±0.0037	0.998
10月	13.1264±1.6106	1995.9276±163.0456	17.4180±4.4395	−1.0686±0.2554	0.0431±0.0004	0.996
p	0.0900	0.0239	0.0918	0.4122	0.0025	

9.2.3 不同季节的叶绿素荧光参数

叶绿素荧光分析技术以光合作用理论为基础，利用体内叶绿素作为天然探针，对测定叶片光合作用过程中光系统对光能的吸收、传递、耗散、分配等影响具有独特的作用。与"表观性"的气体交换指标相比，叶绿素荧光参数更具有反映"内在性"的特点[9]。酒竹在旱季和雨季条件下的PSⅡ原初光能转换效率差异极显著（$p<0.01$）（见表9-4），分别为0.7619±0.0289和0.7917±0.0247，说明旱季条件下的酒竹受到了胁迫；光化学猝灭系数差异不显著（$p>0.1$），而非光化学猝灭系数差异极显著（$p<0.01$）；PSⅡ电子传递量子效率有微弱差异（$p<0.1$）；PSⅡ光能捕获效率和PSⅡ非循环光合电子流速率都有显著的差异（$p<0.05$）。

表9-4 旱季和雨季叶绿素荧光参数比较

	PSⅡ原初光能转换效率	光化学猝灭系数	非光化学猝灭系数	PSⅡ电子传递量子效率	PSⅡ光能捕获效率	PSⅡ非循环光合电子流速率/ [μmol/(m²·s)]
4月	0.7619±0.0289	0.4760±0.1101	1.7244±0.2572	0.1822±0.0464	0.3834±0.0442	37.9863±8.4512
10月	0.7917±0.0247	0.5283±0.1542	2.0118±0.3053	0.2197±0.0678	0.4199±0.0457	46.6994±14.4267
p	0.0035	0.2801	0.0065	0.0743	0.0278	0.0457

总体而言，雨季酒竹叶绿素荧光参数普遍大于旱季条件下的酒竹。与雨季相比，旱季时酒竹的PSⅡ原初光能转化效率、光化学猝灭系数、非光化学猝灭系数、PSⅡ电子传递量子效率、PSⅡ光能捕获效率和PSⅡ非循环光合电子流速率表现出不同幅度的降低，说明酒竹对干旱胁迫较敏感。这主要是由于入侵种在遭受干旱胁迫时提高了对过量激发能的热耗散能力，让光合机构少受不可逆的损伤，使其在干旱胁迫解除后光合功能得以迅速恢复。研究

结果初步表明，二年生和三年生的酒竹容易受到水分条件的限制，在半干旱地区培育和定向性栽种早期需要提高供水能力。

9.3　讨论

自然界中，植物会遭受强光、极端温度、盐渍化、水分亏缺和大气干旱等各种环境因子的胁迫。其中，水分亏缺是影响干旱区植物生长发育和导致生理生化响应的主要因子、限制植物生长的关键因素[10]。植物通过气孔导度来调节光合作用和蒸腾作用的大小，而气孔导度受光能和空气湿度控制[11]。由于试验地为空旷场地，故其叶片没有真正意义上的阴叶和阳叶；在旱季和雨季，酒竹的光合能力表现出了较大的差异，其净光合速率与气孔导度的日变化表现出极显著的相关性。旱季，受到阳光直射的东南向叶片出现午休现象，但是西北向叶片在中午却避免了最大有效光辐射［约1900μmol/(m²·s)］的影响，而且，由于西北向叶片相对处于背阳面，12:30—14:30的空气湿度（42%±4%）略高于东南面（35%±3%），所以，西北向叶片的光合作用日进程仍表现为单峰；在雨季时中午的有效光辐射与旱季相比差异不显著（$p>0.1$），而空气湿度远大于旱季，高达73%±5%。所以，本次研究得出：引起酒竹旱季东南向叶片出现午休现象的主要原因是旱季较低的空气湿度，因为酒竹是喜光物种，所以西南中高山地区的高光强并不是主要原因。通常，水分胁迫达到一定程度后，植物对CO_2的同化能力开始明显降低[12]。旱季中酒竹的光合功能被抑制，主要是中午水分胁迫引起气孔关闭，令CO_2供应受阻所造成的。这种减小气孔的开度或引起气孔关闭，以减少蒸腾失水的方法，体现了植物对干旱胁迫的适应性。

胞间CO_2浓度和气孔限制值是判定气孔限制和非气孔限制的重要指标和依据。根据Farquhar的研究[13]，只有当胞间CO_2浓度降低和气孔限制值增大时，才可以肯定气孔限制是光合速率降低的主要原因；相反，如果光合速率的降低伴随胞间CO_2浓度的提高，那么光合作用的主要限制因素肯定是非气孔因素，即叶肉细胞的光合活性。本研究表明，旱季午前，当净光合速率达到峰值时，气孔导度和气孔限制值分别达到峰值和谷值；此后，净光合速率下降的同时，气孔限制值上升和胞间CO_2浓度下降，胞间CO_2浓度微弱上升后马上下降；午后气孔限制值的谷值和胞间CO_2浓度比净光合速率提前1h左右出现，此后净光合速率峰值出现的同时伴随着气孔限制值上升和胞间CO_2浓度下降，说明了净光合速率的上升和下降是由气孔的开放程度主导的。而雨季中，酒竹胞间CO_2浓度曲线虽然出现了两个峰值，但净光合速率曲线呈单峰状态，即没有午休现象，这是由于在相对适宜的生境下，11：30—12：30时段的胞间CO_2浓度开始上升，气孔限制值则下降，而净光合速率仍上升，表明此时的非气孔因素占主要地位，充分说明酒竹叶片气孔、光系统和CO_2运转系统整体协调，在没有任何胁迫下，非气孔因素可以在一定时间内保持净光合速率的上升；12：30—13：30时段的净光合速率下降是由气孔因素造成的。

叶片温度和环境温度对气孔开度的影响主要是通过酶促反应来间接进行的[2]。温度可直接影响气孔下腔内蒸气压的大小。温度升高可以使细胞液的黏滞性降低，增加质膜的透性，增强气腔周围细胞壁表面的蒸发，增大内蒸气压。但温度过高时，叶片失水，降低了保卫细胞的膨压，引起气孔关闭，降低蒸腾。在一定温度范围内，气孔开度一般随温度的升高而增大，并在30℃左右时开度最大[4]。而雨季中酒竹所处环境的中午最高温度可达35℃±3℃，叶片温度最高可达33℃±2℃，即使这样也没有出现午休现象。本文认为：这是因为即使中午的温度较高，但雨季中云块的飘移使得中午酒竹的叶片受到了间歇性的强光［2000μmol/(m² · s)以上］照射，这样不仅可以短暂地达到光饱和，而且有一定的时滞性，故酒竹更多的时间是在近乎饱和的高效状态下进行光合作用。

对于叶片水平而言，影响蒸腾速率的因素是很多的。酒竹各参数之间的相关性表明除气孔因素外，叶温和有效光辐射也是主要影响因素。光照可以提高大气与叶片温度，增加叶内外蒸气压差，加快蒸腾速率，所以旱季酒竹的蒸腾速率并没有像预期的那样与净光合速率、气孔导度一样出现午后的峰值；然而酒竹的水分利用效率出现了午后的峰值，表明了午后蒸腾速率下降的速率比净光合速率大；旱季东南向叶片出现由气孔因素导致的午休现象直接表现为胞间CO_2浓度的上升，但对蒸腾速率的影响不大；而且，中午中高山地区一定的风速（未达到强风水平）吹散气孔外的蒸汽扩散层，并带来相对湿度较小的空气，既减小了扩散的外阻力，又增大了气孔内外的蒸气压差，加快蒸腾速率。

旱季和雨季中，内部叶片的净光合速率一直处于较低水平，但状态平稳。这与内部叶片的空间位置、植物构型息息相关。这类叶片主要受到阳斑（弱斑和强斑）的影响[11]，在外部叶片大量接受光线直射时，显然内部叶片一般很难受到直接的强光光照，而且内部叶片中午所在环境的温度和湿度都将优于外部叶片，受到强斑的影响不大，主要还是受弱斑的影响；弱斑总持续时间长，而且弱斑出现的时间间隔通常较短，一连串的弱斑能有效地提高叶片的光合诱导能力[5]。值得注意的是，内部叶片光合作用速率很小，气孔扩散阻力不会成为光合作用的限制因素。同时，除了新竹在第二年换叶外，竹叶每两年换一次，开展竹叶全生活期的光合作用的动态研究，将能更全面系统地了解酒竹的光合生理特性。酒竹的内部叶片在换叶季节（12月至翌年3月）中发挥着重要作用，因为此时外部叶片褪去，内部叶片的光合能力得到充分发挥，即使内部叶片的净光合能力比正常叶片低。内部叶片在换叶结束后，很快将营养物质运输至新生叶片，直至凋谢。

叶绿素荧光参数反映光合机构内部一系列重要的调节过程[9]，已应用于植物光合作用机理、环境保护、作物增产潜力预测、植物逆境生理等研究领域，特别是其光合器官能够对环境影响做出快速的反应[7]。一般认为，非胁迫条件下叶片的荧光参数极少变化，不受物种和生长条件的影响，但在胁迫条件下该参数明显下降。由此推断，本试验中，叶绿素荧光参数的变化进一步证明了酒竹在中国西南旱季环境下，叶片叶绿体PS II的功能受到了负面影响。实际光化学效率反映叶片用于光合电子传递的能量占所吸收光能的比例，是PS II反应中心部分关闭时的光化学效率。其值大小可以反映PS II反应中心的开放程度，常用来表示植物光合作用电子传递的量子产额，可作为植物叶片光合电子传递速率快慢的相对指标。PS II反应中心原初光能转换效率和Cha/b蛋白复合体LHCP到PS II的光能传递能力降低；叶绿体吸收的光能用于有效的光化学转换的比例减少，光合电子传递能力降低，这不利于提高其光能转化效率，不能为暗反应的光合碳同化积累更多所需的能量，阻碍促进碳同化的高效运转和有机物的积累[14,15]；同时，叶绿体PS II天线色素吸收的光能用于非光化学反应的热形式耗散比例也减少，这不利于光抑制的破坏和光合机构的自我保护作用；叶片PS II反应中心实际原初光能捕获效率降低，表观光合电子传递速率降低。这些叶片荧光参数的变化，从生理生态机制上表明了旱季酒竹叶片光合作用能力下降。

环境影响植物的生长、发育和繁殖行为的方式多样且不可预测[1]，然而，在长期的进化中，植物对胁迫环境的适应方式也是灵活多样的[2,3,16]。光合作用旱季和雨季的变化规律同环境条件的变化和植物生长节律密切相关。雨季气温略高，光照充足，空气湿度适宜，新叶逐渐成熟，生理活性强，此时净光合速率较高；旱季天气干燥，温度略低，光照较弱，气孔导度降低，叶片生理活性较低，3—4月叶片已由成熟转向衰老，光合活性低，光合速率略有下降，这也有可能是造成叶片光合作用和荧光数据普遍下降的原因。

参考文献

[1] 李伟成，盛海燕，钟哲科. 竹林生态系统及其长期定位观测研究的重要性. 林业科学，2006，42(8): 95-101.

[2] SAGE R F. The evolution of C_4 photosynthesis. New Phytologist, 2004, 161: 341-370.

[3] 龚春梅，宁蓬勃，王根轩，等. C_3和C_4植物光合途径的适应性变化和进化. 植物生态学报，2009，33(1): 206-221.

[4] 许大全. 光合作用效率. 上海：上海科学技术出版社，2002，2-52.

[5] PEARCY R W, VALLADARES S J. A functional analysis of the crown architecture of tropical forest Psychotria species: Do species vary in light capture efficiency and consequently in carbon gain and growth? Oecologia, 2004, 139: 163-177.

[6] YE Z P. A new model for relationship between light intensity and the rate of photosynthesis in *Oryza sativa*. Photosynthetica, 2007, 45: 637-640.

[7] 张守仁. 叶绿素荧光动力学参数的意义及讨论. 植物学通报，1999，16(4): 444-448.

[8] NAUMANNA J C, YOUNG D R., ANDERSON J E. Leaf chlorophyll fluorescence, reflectance, and physiological response to freshwater and saltwater flooding in the evergreen shrub, *Myrica cerifera*. Environmental and Experimental Botany, 2008, 63: 402-409.

[9] MAXWELL K, JOHNSON G N. Chlorophyll fluorescence—a practical guide. Journal of Experimental Botany, 2000, 51(345): 659-668.

[10] BIEHLER K, FOCK H. Evidence for the contribution of the Mehler-peroxidase reaction in dissipating excess electrons in drought stressed wheat. Plant Physiology, 1996, 112: 265-272.

[11] VALLADARES F, PUGNAIRE F I. Tradeoffs between irradiance capture and avoidance in semi-arid environments assessed with a crown architecture model. Annals of Botany, 1999, 83: 459-469.

[12] MASSACCI A, NABIEV S M, PIETROSANTI L, et al. Response of the photosynthetic apparatus of cotton (*Gossypium hirsutum*) to the onset of drought stress under field conditions studied by gas-exchange analysis and chlorophyll fluorescence imaging. Plant Physiology and Biochemistry, 2008, 46: 189-195.

[13] FARQUHAR G D, SHARKEY T D. Stomatal conductance and photosynthesis. Annual Review of Plant Physiology, 1982, 11: 191-210.

[14] PIETRINIA F, CHAUDHURI D, THAPLIYAL A P, et al. Analysis of chlorophyll fluorescence transients in mandarin leaves during a photo-oxidative cold shock and recovery. Agriculture, Ecosystems and Environment, 2005, 106: 189-198.

[15] BROETTO F, DUARTE H M, ULRICH L, et al. Responses of chlorophyll fluorescence parameters of the facultative halophyte and C_3—CAM intermediate species *Mesembryanthemum crystallinum* to salinity and high irradiance stress. Journal of Plant Physiology, 2007, 164: 904-912.

[16] HUEY R B, CARLSON M, CROZIER L, et al. Plants versus animals: do they deal with stress in different ways? Integrantive and Comparative Biology, 2002, 42: 415-423.

第10章

与光合可塑性响应

对施肥梯度的形态

可塑性是植物在复杂环境中产生一系列不同的相对适合的表现型的潜能，是衡量植物对异质环境适应能力的重要指标[1,2]，已成为近来生态学研究的重点之一。已经有研究证明，植物在一个相当宽的生态学特征范围内是可塑的，从形态和生理特征到解剖、发育和生殖时间、繁育系统以及后代的发育方式等[3-5]。在特定环境条件下，植物的形态结构和生理生化功能会发生相应的改变，而这种适应性调整往往是光合碳同化途径进化的前提和基础[6]。形态、功能和发育可塑性能够提供一个遗传个体在相差悬殊的微环境中成功地生长和生殖的机会[7]，如发生在叶角度、气孔和光合速率等方面的生理可塑性可以使植物在如光密度等高度变化的环境中调整自身[5]。

克隆植物能够对环境变化做出敏感的响应，因而作为研究可塑性的良好材料而得到广泛使用。酒竹是大型克隆植物，作为生物质能源和绿色食品的开发潜能巨大。但是该竹种分布地偏僻，交通不便利，分布面积小，其生产、经营几乎都处于原始状态，故目前世界上对酒竹的研究、开发和利用尚处于起始阶段[8,9]。生物学特性观察发现其对栽培地的微环境响应比较敏感。施肥是调节作物生长发育的一项基本措施，不同的施肥条件会导致栽培地微环境的不同，进而影响植株体内的生理代谢[10]。在分析林木对栽培处理的响应过程中，生理活动指标在一定程度上决定着植物的生长速度。对植物生理的研究，有助于了解其生长规律[3,11]，为科学栽培和管理提供依据。酒竹引种和异地种质资源保护栽培需要对酒竹的生物学特性有深入的研究。使用什么肥料？如何施肥？如何可以使移栽后的酒竹植株尽快适应栽培地的微环境？为了解决这些关键问题，我们根据以往经验，开展了酒竹生理特性及形态可塑性对不同施肥梯度的响应的研究，旨在探讨不同施肥梯度下酒竹形态可塑性、光合功能可塑性及其改变机理、内在联系，为酒竹的合理施肥提供基础数据，对指导酒竹人工造林和可持续发展具有重要意义。

10.1　材料与方法

10.1.1　试验设计

4月中下旬雨季前，于云南墨江土地塘种植基地进行母竹钩梢带篼移栽种植，株行距5.0×5.0m。6月中旬施肥，施用48%硫钾型复合肥。试验设置4个梯度：①对照，不施肥（CK）；②轻度施肥，施复合肥0.3kg/株（T1）；③中度施肥，施复合肥0.6kg/株（T2）；④重度施肥，施复合肥1.0kg/株（T3）。各组随机选择株型类似的健康植株3～5株，距植株中心0.5m处进行环式开沟施肥，覆土。第2年于雨季前（4月）进行形态参数和生理参数的测量。

10.1.2　形态参数测定

形态参数包括：整丛酒竹的冠幅、新秆（当年出的笋发育而来）数量、新秆的基径（BD）和胸径（DBH）、秆高；新秆第7～9节每枝最大叶片的平均叶长和总叶鲜重；新秆第7～9节每节最长枝的平均长度、总枝鲜重。由于酒竹材料的稀缺性，不宜进行全株的破坏性生长分析，经过观察，基于其篼的侧根（不含假鞭，直径5～7mm）生长和分布的相对均匀性，故仅开挖东面的1/4株丛周围的土壤，完全收集其侧根。将新鲜叶片的拓印带回实验室，扫描得到叶面积；侧根、枝和叶分别装入信封中带回实验室，在80℃烘箱内烘干至恒重，分别称量生物量。按生长分析方法[2]计算：比叶面积（SLA）＝叶面积/叶生物量；侧根、枝和叶的相对生长速率（RGR）＝（$\ln W_2 - \ln W_1$）/（$T_2 - T_1$）；侧根半径＝$\sqrt{F_w/(\pi \cdot L_r)}$。其中，$F_w$为侧根鲜重；$L_r$为侧根总长；$W_1$为刚种植时侧根、枝和叶生物量，对于新秆上的枝、叶和移栽时的侧根而言都可忽略不计；W_2为采样时侧根、枝和叶的生物量；T_1为处理开始时间，T_2为采样时间，均以月为单位；这里以全部新秆的第7～9节计量。

10.1.3　光响应生理参数测定

按9.1.3所示的方法得到最大净光合速率（P_{max}）、光饱和点（LSP）、光补偿点（LCP）、暗呼吸速率（R_d）和表观光量子效率（φ_{AQY}）。

测定时，样本室CO_2浓度390μmol/mol±8μmol/mol，叶片温度27℃±2℃，

样本室相对湿度48%±3%。

10.1.4 叶绿素含量测定

采用盛海燕[2]的方法，先用乙醇、丙酮混合液浸提叶绿素，再用分光光度法测定叶绿素总含量。

10.1.5 数据分析方法

试验数据处理由SPSS完成。运用Levenberg-Marquardt迭代法确定光响应曲线待定系数。采用单因素随机区组进行方差分析和LSD法多重比较。

10.2 结果与分析

酒竹的生长发育对复合肥施肥梯度有明显的形态响应。从表10-1可知：T3处理下的冠幅得到了较明显地拓展，达到了4.2392m²±0.4077m²，与T2处理下的差异不明显（$p > 0.05$），但与T1和CK处理下的差异明显（$p < 0.05$）；T1、T2和T3处理下的新秆株高分别与CK处理下差异显著（$p < 0.05$），其中T2和T3处理下的株高明显高于T1和CK处理下的（$p < 0.05$），T2与T3处理下的株高则差异不显著。新萌发笋发育而成的新秆数量差异情况类似于冠幅，CK处理下的新秆数量较少，仅有1.0000秆±0.7929秆，四种处理下都存在单丛新秆数量不均匀的情况。四种处理下基径的差异不显著（$p > 0.05$），但T3处理下的胸径与CK处理下有差异（$p < 0.05$）。

表10-1　不同施肥梯度下的形态参数比较

生长分析参数	0.0kg（CK）	0.3kg（T1）	0.6kg（T2）	1.0kg（T3）
冠幅 / m²	3.8992±0.5380[a]	3.8737±0.3602[a]	4.0958±0.3752[ab]	4.2392±0.4077[b]
株高 / m	4.0308±0.2898[a]	4.3615±0.3841[b]	4.6615±0.3305[c]	4.8692±0.3881[c]
新秆数 / 支	1.0000±0.7929[a]	1.1538±0.8987[a]	1.5385±0.9674[ab]	1.9231±0.7596[b]
基径 / cm	3.5154±0.4616[a]	3.6692±0.4211[a]	3.7462±0.4332[a]	4.3077±0.6576[a]
胸径 / cm	2.7769±0.3700[a]	2.9846±0.3436[ab]	3.0308±0.3838[ab]	3.5154±0.55659[b]
最大叶长 / cm	29.3913±2.7755[a]	30.5217±2.3907[a]	31.0435±2.5312[ab]	32.7391±3.9683[b]

续表

生长分析参数	0.0kg（CK）	0.3kg（T1）	0.6kg（T2）	1.0kg（T3）
叶鲜重 / g	154.1643 ± 14.6103^a	171.1179 ± 10.9305^b	173.3943 ± 9.1293^b	190.5708 ± 13.8741^c
叶干重 / g	22.5571 ± 2.9212^a	25.4357 ± 2.4276^{ab}	25.6714 ± 2.9775^b	28.0154 ± 5.0292^b
总叶面积 / cm²	3532.0608 ± 407.9168^a	$3854.2754 \pm 404.2936^{ab}$	4123.7231 ± 258.6502^b	4443.3554 ± 460.3976^c
最大枝长 / cm	39.6385 ± 6.2036^a	42.6846 ± 5.4502^a	50.5923 ± 8.0681^b	55.7462 ± 12.1797^b
枝鲜重 / g	175.4325 ± 17.5739^a	$188.8167 \pm 25.4159^{ab}$	$202.6667 \pm 28.2702^{bc}$	214.2833 ± 26.6421^c
枝干重 / g	34.2333 ± 7.7073^a	36.0750 ± 5.2404^a	39.4667 ± 6.6583^a	42.1667 ± 4.7243^b
最大侧根长 / cm	26.2667 ± 4.3926^a	32.9167 ± 2.8259^b	35.1167 ± 5.5719^{bc}	42.5583 ± 7.6297^c
侧根鲜重 / g	41.8367 ± 6.6541^a	49.9567 ± 8.6502^b	52.2333 ± 9.1364^b	66.3617 ± 7.6919^c
侧根干重 / g	9.5450 ± 1.0796^a	12.0883 ± 2.5598^b	12.2183 ± 2.8115^b	15.2667 ± 1.6452^c
侧根半径 / cm	0.2708 ± 0.0098^a	0.2731 ± 0.0069^a	0.2725 ± 0.006^a	0.2860 ± 0.0126^b
比叶面积 / （cm²/g）	163.7546 ± 27.0742^a	159.9817 ± 26.2528^a	160.4178 ± 17.3316^a	161.5429 ± 23.5209^a
叶的相对生长速率 / （g/月）	0.3133 ± 0.0125^a	0.3230 ± 0.0105^b	0.3251 ± 0.0104^b	0.3297 ± 0.0158^b
枝的相对生长速率 / （g/月）	0.3546 ± 0.0143^a	0.3576 ± 0.0146^a	0.3662 ± 0.0171^{ab}	0.3736 ± 0.0111^b
侧根的相对生长速率 / （g/月）	0.2251 ± 0.0114^a	0.2474 ± 0.0208^b	0.2480 ± 0.0235^{ab}	0.2721 ± 0.0107^c

注：①枝、叶数据为全部新秆第7～9节的数据；侧根数据为东面的1/4株丛的数据。

②相同字母表示差异不显著（$p > 0.05$）；不同字母表示差异显著（$p < 0.05$）

如表10-1所示，T3处理下的酒竹的最大叶长可达32.7391 ± 3.9683cm，与T1、CK处理下有明显差异（$p < 0.05$）；叶鲜重和叶干重也同样显示出施肥的效果，其中以T2和T3处理下的效果较为明显；总叶面积大小反映植株获取光能的能力，它显示了酒竹明显的形态可塑性，T3处理下的总叶面积达到了4443.3554cm²$\pm$460.3976cm²，与T2和T1处理下差异显著（$p < 0.05$），与CK处理下差异极显著（$p < 0.01$）；RGR_l也说明相对生长速率对施肥有明显响应，但是SLA没有差异（$p > 0.05$）（见表10-1）。叶绿素总含量表明施肥对叶片叶绿素含量有显著的影响（$p < 0.05$）（见图10-1）。

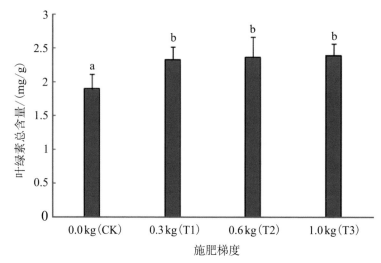

图10-1　不同施肥梯度下的叶绿素总含量

注：相同字母表示差异不显著（$p>0.05$）；不同字母表示差异显著（$p<0.05$）

酒竹的枝既是营养器官，也是繁殖器官。酒竹的枝的形态可塑性对施肥梯度有响应，施肥可明显地促进枝的空间拓展和生物量积累。如表10-1所示，T2、T3处理下的最大枝长与T1、CK处理下有差异（$p<0.05$）；T3处理下的枝鲜重与T1、CK处理下有差异，T2与CK处理下有差异（$p<0.05$）；T3处理下的枝干重与其他三种处理有显著差异，但其他三种处理之间差异不显著；RGR_b表明，T3处理下的枝的相对生长速率与T1和CK处理下有显著差异，但与T2处理下差异不明显（$p>0.05$）。

如表10-1所示，酒竹的侧根数据表明侧根根系对施肥的影响较为敏感。T1、T2和T3处理下的最大侧根长都与CK处理下差异显著（$p<0.05$）；T2、T3处理下的侧根鲜重与T1、CK处理下有显著差异；侧根干重则表现为T3处理与其他三种处理均有明显差异（$p<0.05$）；而且T2、T1与CK处理下的差异很明显；根半径表明，T3处理与其他三种处理有明显差异，其他三种处理之间差异不明显；从侧根的相对生长速率分析，其规律基本与生物量数据类似。

图10-2为四种施肥梯度下的光响应曲线，可以看到：各处理之间的净光合速率差异明显，标准偏差值较小，测量点数据较为均匀平稳。不同处理的酒竹植株净光合速率随光强的变化有共同规律：在近于无光的区域，光合速率小于呼吸速率，净光合速率为负值；在弱光区域［$1\sim200\mu mol/(m^2 \cdot s)$］，随

光强的增加，净光合速率的增加类似于线性，但实际上此过程是非线性的[12]；在光强超过弱光区域时，施肥处理的酒竹植株净光合速率增加仍然较快，但CK处理下的增幅相对下降；随着光强进一步增加，净光合速率增长趋于缓和，并陆续达到光饱和。

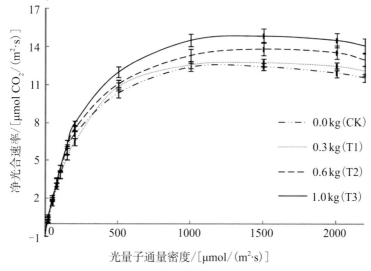

图 10-2　不同施肥梯度下的光响应曲线

改进的直线双曲线模型拟合酒竹不同施肥梯度下的光响应曲线效果良好（R^2 均大于 0.99）（见表 10-2），计算得到的光响应生理参数在各处理之间存在着一定的差异（见表 10-2）：P_{max} 在 CK 和 T1 之间、T2 和 T3 之间的差异不明显（$p > 0.05$），但上述两组（CK 和 T1 组，T2 和 T3 组）之间的差异显著（$p < 0.05$），就 P_{max} 平均值而言，T3＞T2＞T1＞CK；类似的差异情况还表现在 R_d 上，其绝对值表现为：T2＞T3＞CK＞T1。光饱和点和光补偿点是植物利用光能能力的重要指标[6]。四种处理下的 LCP 平均值顺序与 P_{max} 相反：CK＞T1＞T2＞T3；T3 处理下的 LSP 最大 [2157.0093 μmol/(m²·s) ±55.7133 μmol/(m²·s)]，CK 处理下的 LSP 最小，两者差异显著（$p < 0.05$）。各处理下的 LSP 平均值顺序与 P_{max} 一样。各处理下 φ_{AQY} 和 φ_c 差异表现较为统一：T3 和 T2 之间差异不显著，T3 与其他两者有差异，T2 之间差异不显著，T2 和 CK 之间差异显著，T1 和 CK 差异不显著。

表 10-2   不同施肥梯度下光响应曲线参数

施肥梯度	最大净光合速率 / [μmol CO_2/(m^2·s)]	饱和光照强度 / [μmol/(m^2·s)]	光补偿点 / [μmol/(m^2·s)]
0.0kg（CK）	10.7385±0.7362[a]	1976.1849±30.9915[a]	14.2950±0.5417[b]
0.3kg（T1）	11.0041±0.5520[a]	2002.2544±68.5526[ab]	13.6320±0.6526[b]
0.6kg（T2）	13.3034±0.6189[b]	2038.2528±59.3214[ab]	11.6370±0.4074[a]
1.0kg（T3）	13.8673±0.5037[b]	2157.0093±55.7133[b]	11.2160±0.3069[a]

施肥梯度	暗呼吸速率 / [μmol/(m^2·s)]	表观光量子效率	光补偿点光量子效率	R^2
0.0kg（CK）	−0.7999±0.0371[a]	0.0361±0.0023[a]	0.0533±0.0034[a]	0.998
0.3kg（T1）	−0.7813±0.0185[a]	0.0397±0.0019[ab]	0.0576±0.0077[ab]	0.999
0.6kg（T2）	−1.0046±0.0477[b]	0.0412±0.0009[bc]	0.0649±0.0059[bc]	0.999
1.0kg（T3）	−0.9712±0.0226[b]	0.0427±0.0027[c]	0.0679±0.0011[c]	0.996

注：相同字母表示差异不显著（$p>0.05$）；不同字母表示差异显著（$p<0.05$）

10.3   讨论

　　形态和功能可塑性使得物种具有更宽的生态幅和更好的耐受性[11]。克隆植物生殖和营养器官在数量、形态和功能等方面都存在着特有的表现形式[4,13]。酒竹在叶、枝和侧根三种构件的形态参数上表现出对施肥梯度的不同程度的可塑性响应，从酒竹构件水平上对其进行可塑性研究，可以在个体水平以下了解植物对环境的反应。

　　叶片是植物对环境变化最为敏感的器官之一，其形态结构特征被认为最能体现环境影响及植物对环境的适应情况[12]。酒竹的最大叶长仅在T3处理下有显著的生长；四种处理下的叶片含水率基本稳定（85.25%±0.09%），说明使用复合肥对酒竹叶片的含水率没有显著影响；但T2和T3处理对叶长、叶面积和生物量有明显的正面效应；而各处理下 *SLA* 差异不明显说明了酒竹叶片对复合肥的响应是双重的，即在增加单位面积生物量的同时也扩展了叶面积。此外，轻度施肥可以在一定程度上提高叶绿素总含量，叶片的相对生长速率也表明了这一点。而CK处理下的叶片淡绿色，有缺绿斑出现，下部叶片发黄，这些均为缺氮和缺钾的症状。

枝是组成植株冠层的基本单元，也是进行光合作用的主要构件[7]。T2 和 T3
处理还直接影响最大枝长和枝生物量；与叶片类似的是各处理下含水率差异
不明显（80.56%±0.21%）；不同施肥处理的枝在空间拓展能力和功能分化上
表现出差异，其相对生长速率差异说明其一级枝根据营养环境的不同采取不
同的方式来获取光能，如将叶展到适宜的空间，形成一个合理的光能截取树
冠体系，特别是 T3 处理下甚至出现一级枝发育成克隆苗的情况。虽然 CK 处
理下的枝、叶生物量与其他施肥处理下的数据有差异，但数值上很接近。

侧根是植物根系的重要组成部分，根系形态特征（包括根长和半径等因
子）在决定养分吸收效率方面具有重要作用[14]。施肥处理有利于酒竹建立强
大的侧根体系，对侧根的觅养行为影响最明显。酒竹最大侧根长和侧根干重
在 T1 处理下已经与 CK 处理下表现出明显的变化，T3 处理下侧根的最大侧根
长、侧根鲜重和干重分别是 T1 处理下的 1.6203 倍、1.5862 倍和 1.5994 倍，而
且 T3 处理可以明显地扩展根半径，故环式开沟施肥方式可以达到既诱导侧根
根系的平面运动，又相对高效地利用局部区域中的养分的作用。研究表明，
相对低磷抑制侧根的伸长生长[10]，施用氮肥能明显增加杂交水稻生育后期的
根干重和根长，同时减小根半径[15]。本试验结果与之类似，但发现施用复合
肥增加了酒竹栽后侧根根长、侧根生物量和相对生长速率，根半径呈增加态
势，这可能与不同的发育期其营养物质的源库关系有关。

施复合肥可以使冠幅、株高、新秆量和胸径不同程度的增加，这与以往
毛竹林的施肥[16]和水稻分蘖芽在低磷胁迫条件下受到抑制的研究[15]有类似之
处。但是本研究发现各处理下的基径差异不明显，*BD/DBH*（CK 处理下为 1.26，
T3 处理下为 1.14）表明施复合肥可以使新秆秆型更均匀。对于大型克隆植物
而言，分别设立叶、枝和侧根的相对生长速率可以在构件水平上更精确地衡
量各构件对施肥量的可塑性响应。同时，采用半破坏性的生长分析，如充分
采集同一方向 1/4 的侧根和选择第 7～9 盘枝、叶进行对比分析在一定程度上
增加了第一类误差，这是建立在酒竹侧根根系分布较均匀、植株冠型整齐、
枝与叶分布有规律、第 7～9 盘枝与叶分布较为集中的基础上进行的。在非破
坏性分析的倡导下，对酒竹这种刚刚被引入国内的极危和高利用价值的物种
而言，这些方法值得尝试。

结构是功能的基础，结构的差异和变化是对环境差异的响应[17]。功能

的变化导致了形态和结构的转变，酒竹各构件单元的形态可塑性也反映在光合功能可塑性的表现上。施肥处理（T1、T2和T3）提高了酒竹的最大净光合速率，同时也拉宽了光饱和点与光补偿点之间的光能利用区间，说明其具有较高的Rubisco活性和电子传递速率[6,18]。叶片净光合速率提高的原因，除叶绿素总含量增加外，主要是叶片的光合性能改善了，有利于物质的积累[19]。虽然CK处理下的光饱和点相对较低，但1976.1849μmol/(m²·s)±30.9915μmol/(m²·s)的光饱和点仍然表明CK处理下的酒竹具有较强的光能利用能力，符合阳生喜光物种的特征。R_d值越大，表明生理活性越高[3]。本试验发现：施肥处理还提高了酒竹暗呼吸速率（绝对值），这与表观光量子效率和光补偿点光量子效率值的提高相对应，表明T2和T3的施肥处理提升了酒竹的生理活性和光能利用效率。

酒竹移栽后表现出对栽培地点的微环境适应期较长、需要充足的水分条件、吸收营养能力不足等。试验发现，酒竹在营养相对不足的土壤（如中国西南部磷含量相对较低的土壤）上生长时，对氮反应较敏感[20]，其外部形态和生理指标都会有所变化，如植株矮小、分枝相对减少和叶片多处出现淡黄色斑块等缺大量营养元素的症状；而钾、磷等矿质元素缺乏会导致光合功能下降，从而影响光合产物的运输和分配[15]。综上所述，中等浓度和高浓度的氮磷钾平衡施肥具有明显促进酒竹生长的作用。例如，能提高叶绿素总含量，使总叶面积增大；能促使地下和地上部加快生长，增加根系吸收面积；提高光合作用的强度能力等。轻度施肥略有效果但不明显。故从带笋钩梢移栽和营造酒竹人工林的高效性而言，中度和重度施肥可提高植株的光能利用效率和生产力。

参考文献

[1] COOK R E. Clonal plant-populations. American Scientist, 1983, 71: 224-253.

[2] 盛海燕，李伟成，葛滢. 明党参幼苗成活与生长对光照强度的响应. 应用生态学报，2006, 17(5): 1423-1428.

[3] GUILLERMO M P, MARIA V L, PABLO L P. Photosynthetic plasticity of *Nothofagus pumilio* seedlings to light intensity and soil moisture. Forest Ecology and Management, 2007, 243: 274-282.

[4] ULLER T. Developmental plasticity and the evolution of parental effects. Trends in Ecology and Evolution, 2008, 23(8): 432-438.

[5] ZUNZUNEGUI M, AIN-LHOUT F, BARRADAS M C D. Physiological, morphological and allocation plasticity of a semi-deciduous shrub. Acta Oecologica, 2009, 35: 370-379.

[6] 许大全. 光合作用效率. 上海: 上海科学技术出版社, 2002, 2-52.

[7] 张大勇. 植物生活史进化与繁殖生态学. 北京: 科学出版社, 2004, 201-212.

[8] MGENI A S M. Bamboo wine from *Oxytenanthra braunii*. Indian Forester, 1983, 109: 306-308.

[9] ROY W. Bamboo beer and bamboo wine. Southern California Bamboo. The Newsletter of the Southern California Chapter of the American Bamboo Society, 2005, 15(6): 2-3.

[10]ROLLOA S R, RETUERTO R. Small-scale heterogeneity in soil quality influences photosynthetic efficiency and habitat selection in a clonal plant. Annals of Botany, 2006, 98: 1043-1052.

[11]SULTAN S E, WILCZEK A M, BELL D L, et al. Physiological response to complex environments in annual *Polygonum* species of contrasting ecological breadth. Oecologia, 1998, 115: 564-578.

[12]BOUCHER J F, PIERRE Y B, HANK A M. Growth and physiological response of eastern white pine seedlings to partial cutting and site preparation. Forest Ecology and Management, 2007, 240: 151-164.

[13]李伟成, 盛海燕, 潘伯荣, 等. 3种沙漠植物地上部分形结构与生物量的自相似性. 林业科学, 2006, 42(5): 11-16.

[14]SPICER J I, RUNDLE S D. Plasticity in the timing of physiological development: Physiological heterokairy—What is it, how frequent is it, and does it matter? Comparative Biochemistry and Physiology (Part A), 2007, 148: 712-719.

[15]郑圣先, 聂军, 戴平安, 等. 控释氮肥对杂交水稻生育后期根系形态生理特征和衰老的影响. 植物营养与肥料学报, 2006, 12(2): 188-194.

[16]邱尔发, 洪伟, 郑郁善, 等. 麻竹山地林配方施肥及生长调节剂对竹笋产量影响. 林业科学, 2005, 41(6): 78-84.

[17]GEDROC J J, MCCONNAUGHAY K D M, COLEMAN J S. Plasticity in root/shoot partitioning: optimal, ontogenetic, or both? Function Ecology, 1996, 10: 44-50.

[18]潘瑞炽, 王小青, 李娘辉. 植物生理学: 第六版. 北京: 高等教育出版社, 2008, 28-56.

[19]王照兰, 杨持, 杜建材, 等. 不同生态型扁蓿豆光合特性和光适应能力. 生态学杂志, 2009, 28(6): 1035-1040.

[20]蔡志全, 蔡传涛, 齐欣, 等. 施肥对小粒咖啡生长、光合特性和产量的影响. 应用生态学报, 2004, 15(9): 1561-1564.

第11章

对氮输入的
可塑性响应

植物生长所需资源在空间上分布的不均匀性增加了植物有效获取资源的难度，因而植物在进化中可能已经形成某种有效地获取必需资源的生态对策[1]。植物的可塑性特征主要表现在生理和形态等方面，影响着植物对异质环境的适应方式和分布[2]，并贯穿于植物的整个生活史，因此，研究植物表型可塑性对异质环境的生态适应能力具有重要意义。

　　竹产业已成为中国竹产区农村经济、农民收入来源的支柱之一，因此，在这一大背景下，中国竹林面积仍会以较快的速度增长[3]。研究丛生竹类植物在光合生理与形态等生态特性方面的表型可塑性有助于全面了解丛生竹类植物的生态适应性，为竹林生态系统的保护和恢复、竹类植物培育和造林提供科学依据。绿竹属竹亚科绿竹属大型丛生竹。酒竹与绿竹是优良的笋材两用丛生竹类，它们的笋味甘美，其秆材可作为造纸原料和生物质能源，亦有庭院绿化和固堤护岸的功能。

　　由于克隆种群生态学的兴起，目前关于竹类植物克隆种群对环境可塑性响应的研究较多，但较少涉及竹类植物生理可塑性响应的研究。此外，相对于其他营养元素，氮的供应量对植物生长和生物量的影响更显著，氮肥的供应方式将会显著影响植物的生长规律；集约化经营导致竹林生态系统C/N上升的问题亦备受关注。通过研究氮沉降背景下竹林生态系统对氮肥的生理可塑性响应，可以全面了解半自然条件和造林条件下，丛生竹的功能可塑性与株型空间分布的关联性，从而确立异质环境中植物表型可塑性的生态学重要性。我们研究了酒竹和绿竹扦插移栽植株对土壤氮素环境变化的生理生态适应性差异，并在此基础上分析其生理和形态的表型可塑性，为科学栽培和管理提供依据。

11.1 材料与方法

11.1.1 施氮处理

试验地设于云南省墨江县苦竹梁子种植基地。试验地土壤为山地红壤，是玉米地抛荒后自然恢复的灌木林，土壤肥力较为贫瘠。3月，在统一整地后各处理均施磷肥［$Ca(H_2PO_4)_2$］52.7kg/hm^{2}和钾肥［$(K_2SO_4)K_2O$］56.3kg/hm^2，均作为基肥一次施入。同时，设5个氮肥水平［尿素，$CO(NH_2)_2$，以N计］处理：0（N_0）、40（N_{40}）、80（N_{80}）、120（N_{120}）和160（N_{160}）kg/hm^2，亦为一次施入，直至试验结束。5月，栽种试验用酒竹和绿竹（均为扦插苗），秆基径1.5～2.0cm，秆高20cm，具1～2支营养枝，按照随机区组，3次重复的方式布设，株距3m×3m，每个重复小区9m×9m。试验期间试验地处于半自然状态，仅进行人工收割灌草。其间及时防治病虫害。

11.1.2 形态参数测定

第2年8—9月进行形态参数测量，于试验地分别测量株高和枝数，清点总叶片数，并用拓印的方法扫描计算叶面积。全株采回实验室，称量侧根、枝和叶的鲜质量；同时，洗净侧根，称量鲜质量。将上述测量后的侧根、枝和叶放入鼓风干燥箱，于80℃烘干至恒质后测量干质量。

按生长分析方法计算比叶面积（SLA），侧根、枝和叶的相对生长速率（RGR），侧根半径，方法同10.1.2。

11.1.3 光响应生理参数测定

按9.1.3所示的方法得到最大净光合速率（P_{max}）、光饱和点（LSP）、光补偿点（LCP）、暗呼吸速率（R_d）和表观光量子效率（φ_{AQY}）。

测定时，样本室CO_2浓度389μmol/mol±8μmol/mol，叶片温度28℃±2℃，样本室相对湿度63%±6%。

11.1.4 数据分析方法

试验数据处理由SPSS完成。运用Levenberg-Marquardt迭代法确定光响应曲线待定系数。采用单因素随机区组进行方差分析和LSD法多重比较。

11.2 结果与分析

11.2.1 形态参数对氮输入的响应

从形态参数分析得到，酒竹和绿竹在施氮后其形态参数都有不同程度的提高（见图11-1）。酒竹在 $N_{80} \sim N_{160}$ 处理下冠幅较稳定，此三个处理之间差异不显著，但都与 N_0 有显著差异（ $p < 0.05$ ），峰值出现在 N_{120} 处理下，N_{120} 处理下的平均值比 N_0 提高70.16%；绿竹冠幅参数基本与酒竹相同，各个处理下的数值都略小于酒竹，峰值出现在 N_{80} 处理下，N_{80} 处理下的平均值比 N_0 提高61.23%。$N_{40} \sim N_{160}$ 四个处理下酒竹的株高都对氮素产生了明显的响应，与 N_0 有明显差异（ $p < 0.05$ ），峰值亦出现于 N_{120} 处理下，N_{120} 处理下的平均值比 N_0 提高83.21%；绿竹 N_{40} 处理下的株高与 N_0 差异不显著（ $p > 0.05$ ），最大平均株

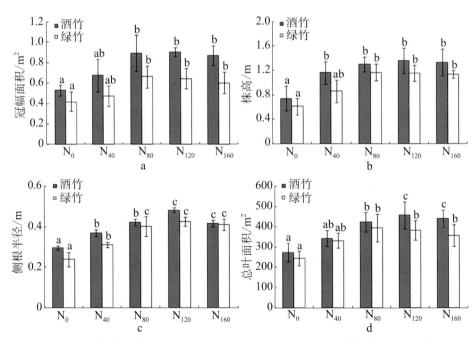

图11-1 不同氮输入条件下酒竹和绿竹的冠幅面积、株高、侧根半径和总叶面积

注：相同字母表示差异不显著（ $p > 0.05$ ）；不同字母表示差异显著（ $p < 0.05$ ）

高比N_0提高了92.02%。N_{40}～N_{120}处理下酒竹的侧根半径随着氮素含量的上升而上升，N_{160}处理下的侧根半径有略微下降，N_{120}处理下的侧根半径平均值比N_0提高63.24%，且N_{120}、N_{160}与其他处理有明显差异（$p<0.05$），N_{40}、N_{80}与N_0亦有显著差异（$p<0.05$）；绿竹的侧根半径峰值亦出现在N_{120}处理下，N_{120}处理下的平均值比N_0提高78.92%，随着氮素含量的上升，其侧根半径的变化规律与酒竹相似，且各个处理下侧根半径与N_0有显著差异（$p<0.05$）。酒竹总叶面积于N_{160}处理下达到最大，N_{160}处理下的平均值比N_0提高45.87%；绿竹总叶面积于N_{80}处理下达到最大，N_{80}处理下的平均值比N_0提高48.54%，与酒竹类似的是N_{40}～N_{160}的总叶面积差异不显著（$p>0.05$）。

总体而言，随着氮素含量的上升，施氮使酒竹和绿竹的SLA、RGR_b、RGR_l和RGR_r先上升，而后有略微的下降（见表11-1）。N_{120}处理下酒竹的SLA达到最大，N_{160}处理下则略微下降，说明随着氮素含量的上升，酒竹单位生物量所分配的投影面积也呈现上升趋势，叶片变大变薄，酒竹在N_{160}处理下虽然SLA下降，总叶面积平均值略有上升，但差异不显著（$p>0.05$）。绿竹SLA在N_{80}处理下就已经达到最大化，与绿竹总叶面积的变化趋势一致；随着氮素含量的增加，绿竹叶片的变化情况符合一般施肥规律，在N_{120}～N_{160}处理下，在总叶面积不明显下降的情况下（$p>0.05$），SLA亦下降，说明高氮施肥对绿竹的叶片生长产生了一定的影响，叶片SLA在N_{80}处理下已经最优化，随着氮素含量的再升高，反而令叶面积减小，单位面积生物量减少。酒竹叶片RGR_l在N_{40}处理下与其他处理差异不显著（$p>0.05$），而绿竹叶片RGR_l在N_{40}处理下与N_{80}～N_{160}处理下有显著性差异（$p<0.05$），酒竹与绿竹RGR_l峰值也分别出现于N_{120}和N_{80}，这与总叶面积的趋势大致相同，说明施氮增加了叶面积和叶生物量，而高氮处理则在一定程度上限制了叶片的生长。酒竹枝RGR_b在N_{40}处理下的平均值比N_0有所增加，但与N_0差异并不明显（$p>0.05$），与N_{80}～N_{160}各处理下差异显著（$p<0.05$）；绿竹RGR_b的情况与酒竹大致相同。这说明低氮施肥可以增加枝的生物量，但是效果并不明显。随着氮素含量的上升，酒竹侧根RGR_r也明显上升（$p<0.05$），在N_{160}处理下RGR_r有所下降；绿竹的RGR_r峰值出现在N_{120}处理下，这与酒竹相同，也与绿竹侧根半径的变化趋势类似。这表明高氮环境减缓了根系的生长。此外，单位长度酒竹与绿竹的侧根鲜质量亦相对下降，但是仍比N_0～N_{40}处理下的高。

表11-1　不同氮输入条件下酒竹和绿竹的形态参数比较

生长分析参数	比叶面积 / (cm²/g)	叶的相对生长速率/ (g/月)	枝的相对生长速率/ (g/月)	侧根的相对生长速率/ (g/月)
酒竹				
N_0	146.0513 ± 17.0742^b	0.4826 ± 0.0718^b	0.4708 ± 0.0291^b	0.5015 ± 0.0217^c
N_{40}	$163.6628 \pm 12.1039^{ab}$	0.5382 ± 0.0434^{ab}	0.5233 ± 0.0329^b	0.5728 ± 0.0352^b
N_{80}	201.0253 ± 16.3991^a	0.6825 ± 0.0102^a	0.9605 ± 0.0389^a	0.6093 ± 0.0540^b
N_{120}	215.2872 ± 15.7548^a	0.7327 ± 0.0312^a	0.9636 ± 0.0501^a	0.7721 ± 0.0632^a
N_{160}	183.1267 ± 18.3076^a	0.6709 ± 0.0858^a	0.9389 ± 0.1955^a	0.6410 ± 0.0358^a
绿竹				
N_0	131.0029 ± 20.4221^b	0.4133 ± 0.0125^b	0.3246 ± 0.0143^b	0.3218 ± 0.0114^c
N_{40}	$158.4315 \pm 16.3210^{ab}$	0.3930 ± 0.0305^b	0.3816 ± 0.0342^b	0.4072 ± 0.0218^b
N_{80}	190.3297 ± 17.3829^a	0.5251 ± 0.0143^a	0.6652 ± 0.0231^a	0.4760 ± 0.0265^a
N_{120}	$173.3542 \pm 22.4717^{ab}$	0.5200 ± 0.0454^a	0.6551 ± 0.0113^a	0.4221 ± 0.0123^b
N_{160}	$162.4057 \pm 19.8743^{ab}$	0.5117 ± 0.0083^a	0.5542 ± 0.0233^a	0.4119 ± 0.0251^b

注：相同字母表示差异不显著（$p > 0.05$）；不同字母表示差异显著（$p < 0.05$）

11.2.2　生理参数对氮输入的响应

如表11-2所示，各处理下的酒竹P_{max}平均值为12.4575～14.0283μmol CO_2/(m²·s)；N_{120}处理下的P_{max}最高，比N_0提高12.61%；N_{40}的P_{max}平均值有所提高，但与N_0差异不显著（$p > 0.05$），可见低氮处理对提高P_{max}效果不明显。各处理下，绿竹P_{max}平均值为13.8725～15.1076μmol CO_2/(m²·s)；仅N_{80}的P_{max}与N_0有显著差异（$p < 0.05$），其P_{max}比N_0提高约8.25%；其他处理下P_{max}平均值都有所提高，但是差异并不显著（$p > 0.05$），说明施氮对绿竹而言，并不能显著提高其P_{max}。与N_0比较，N_{120}处理下的酒竹LSP有显著提高（$p < 0.05$），绿竹LSP则在N_{80}～N_{160}处理下都有显著提高（$p < 0.05$）。LCP是植物利用弱光能力的一个重要指标，施氮明显降低了酒竹和绿竹的LCP（$p < 0.05$），而且酒竹N_{80}～N_{160}处理下的LCP与N_0有极显著差异（$p < 0.01$），绿竹N_{40}～N_{160}各处理之间没有显著差异（$p > 0.05$）。LCP越小，表明植物利用弱光的能力越强。试验数据表明，施氮更有利于维持和提高2种竹种较高的光合效能。数据表明，施氮提高了酒竹和绿竹的R_d，N_{80}处理下的绿竹R_d与N_0有极显著差异（$p<0.01$）。施氮后，酒竹和绿竹φ_{AQY}的表现与LCP的表现趋同，酒竹$N_{80}\sim N_{160}$处理下的φ_{AQY}与N_0有极显著差异（$p<0.01$），绿竹$N_{40}\sim N_{160}$处理下的φ_{AQY}都与N_0有显著差异（$p<0.05$），且随着施氮量的增加，酒竹和绿竹的φ_{AQY}也逐步提高，但高氮含量使φ_{AQY}有所下降。

表11-2　不同氮输入条件下酒竹和绿竹的光响应曲线参数

施氮处理	最大净光合速率/[μmol CO₂/(m²·s)]	饱和光照强度/[μmol/(m²·s)]	光补偿点/[μmol/(m²·s)]	暗呼吸速率/[μmol/(m²·s)]	表观光量子效率
酒竹					
N_0	12.4575±0.7237[b]	1834.1749±80.3487[b]	19.7829±0.8355[a]	−0.8706±0.1152[b]	0.0312±0.0019[c]
N_{40}	12.8270±0.6139[ab]	1863.2387±102.2301[b]	16.3573±0.6293[b]	−0.9129±0.0998[b]	0.0368±0.0024[b]
N_{80}	13.8311±0.4288[a]	1983.6245±79.2651[ab]	14.9210±0.6621[c]	−1.2736±0.0626[a]	0.0428±0.0035[a]
N_{120}	14.0283±0.9235[a]	2066.9122±82.4039[a]	15.0924±0.3098[c]	−1.1783±0.0609[a]	0.0449±0.0026[a]
N_{160}	13.7214±0.8087[a]	1918.7360±47.2872[ab]	15.7028±0.8323[c]	−1.1793±0.0402[a]	0.0401±0.0006[a]
绿竹					
N_0	13.8725±0.4382[b]	806.5120±41.6618[b]	21.0045±1.0833[a]	−1.4230±0.1091[c]	0.0337±0.0039[b]
N_{40}	14.7719±0.5081[ab]	853.7043±38.0032[ab]	18.3769±0.7421[b]	−1.7661±0.1117[b]	0.0373±0.0097[a]
N_{80}	15.0176±0.3328[a]	936.4323±45.5411[a]	18.5971±1.1039[b]	−1.9052±0.0802[a]	0.0382±0.0043[b]
N_{120}	14.8220±0.3709[ab]	927.7892±71.9054[a]	18.6906±1.0618[b]	−1.8766±0.0752[ab]	0.0423±0.0026[b]
N_{160}	14.6092±0.5212[ab]	894.4328±39.8717[a]	19.0677±0.8225[b]	−1.8077±0.1065[ab]	0.0399±0.0028[b]

注：相同字母表示差异不显著（$p>0.05$）；不同字母表示差异显著（$p<0.05$）

11.3　讨论

光、水和土壤环境主要是依赖形态可塑性来获得[1,4]，而生命系统对每个生态因子都有一个耐受性范围，在生态幅上都有一个适宜生命活动的最适点。本研究中，酒竹和绿竹在土壤肥力上升的前提下，将拓展生存利用空间以响应氮输入，扩大冠幅和总叶面积可以使光能吸收率和利用效率达到最优化，并与根系数据（RGR_r和侧根半径）相对应。2种竹种在可利用环境氮素已经饱和的情况下，各项形态参数均不明显下降，说明酒竹和绿竹对过量施氮并不敏感，即N_{160}仍没有显著偏离满足生命系统生存需求的环境条件[1]；在纵向生长上，酒竹和绿竹也表现出开拓立体空间的倾向，使株型更有利于摄取光资源，使构件投入产出效率最优化。

外在形态功能可塑性亦在生理功能上得以体现，酒竹和绿竹各项参数在 $N_{80} \sim N_{120}$ 处理下达到最优化；酒竹在 N_{120} 的氮素施用浓度下表现最优，而绿竹则在 N_{80} 的氮素施用浓度下表现最优；与绿竹相比，酒竹对氮素有更大的饱和阈值。氮是植物生长过程中最重要的养分限制因子[5]，直接影响植物体内叶绿素、可溶性蛋白水平及光合酶类的合成与活性，从而调节光合作用与光呼吸[2,6]。氮肥供应，特别是中等浓度的氮肥供应（$N_{80} \sim N_{120}$ 处理）能显著促进目标竹种光合生理参数（如 P_{max}、LSP、LCP 和 φ_{AQY}）的上升。P_{max} 和 LSP 充分说明了施氮能明显提高酒竹和绿竹幼苗的潜在光合能力；降低植物发生光抑制的可能性和扩大光照强度的响应区域；R_d 则随着植株生理代谢功能的上升而上升，即在可利用资源丰富的情况下，物质与能量消耗增加，这与 Betzelberger 等[6]的研究结论相同，也有研究表明施氮对暗呼吸作用不明显[7]，可能是因为土壤水分或者其他因子限制了氮素的利用；而 φ_{AQY} 数据表明了在其他环境因子没有限制的情况下，施氮使叶肉细胞的光合活性和光能利用效率增加[6,8]。虽然各项生理参数在高氮素施用情况下有所下降，但是相对不施氮素（N_0）有显著提高，故酒竹和绿竹生理功能可塑性对高氮仍有积极的响应。N_{40} 数据则表明2种竹种在低氮素施用下可塑性并不明显，但是根系和 φ_{AQY} 对低氮仍有一定的响应，充分说明了根系和叶片这两大营养器官对氮素利用的敏感性，这与 Fernando 等[9]和 Boucher 等[10]的研究类似，直接与可利用资源发生功能性接触的营养器官对环境因子的响应越敏感，而其形态结构特征越能体现环境影响及植物对环境的适应性。

表型可塑性是有机体对环境条件或刺激的最重要的反应特征，这一特征是生物适应的表型基础[11]。对引种和造林而言，某物种如果能在某一类型的生境中定植并且能够产生较高的生物量，说明它在此生境中的适应性较强[1,12,13]，这样的植物往往具有较强的繁殖能力。本试验数据表明，相比绿竹而言，酒竹具有较高生物量；此外，酒竹具有较高的 SLA，说明其具有较高的资源利用效率和生产力，这也是适应异质生境的一种普遍策略[1,4]。这些结果说明，酒竹能充分利用资源，生态幅较宽，因而也扩展了其可利用的潜在资源。酒竹可通过植株的形态可塑性生长来适应不同的生境。如在优质而且其他杂草较少的生境中，酒竹通过增加侧根半径、茎长和总叶面积，扩大冠幅以及增加分枝数来提高光合效率和增加繁殖成功的概率。

参考文献

[1] RICHARD K. Plant behavior and communication. Ecology Letters, 2008, 11:727-739.

[2] SULTAN S E. What has survived of Darwin's theory? Phenotypic plasticity and the Neo-Darwinian legacy. Evolutionary Trends in Plants, 1992, 6: 61-71.

[3] 李伟成, 周妍, 盛海燕, 等. 毛竹种子萌发及幼苗生长对环境条件的可塑性响应. 竹子研究汇刊, 2008, 27(4): 17-21.

[4] ULLER T. Developmental plasticity and the evolution of parental effects. Trends in Ecology and Evolution, 2008, 23(8): 432-438.

[5] 张建新, 方依秋, 丁彦芬, 等. 蕨类植物的叶绿素、光合参数与耐荫性. 浙江大学学报（农业与生命科学版）, 2011, 37(4): 413-420.

[6] BETZELBERGER A M, GILLESPIE K M, MCGRATH J M, et al. Effects of chronic elevated ozone concentration on antioxidant capacity, photosynthesis and seed yield of 10 soybean cultivars. Plant, Cell & Environment, 2010, 33(9): 1569-1581.

[7] 李扬, 黄建辉. 库布齐沙漠中甘草对不同水分和养分供应的光合生理响应. 植物生态学报, 2009, 33(6): 1112-1124.

[8] AMY K, VERONICA C, NEAL B, et al. Eco-physiological responses of *Schizachyrium scoparium* to water and nitrogen manipulations. Great Plains Research, 2006, 16(1): 29-36.

[9] FERNANDO V S. WRIGHT J, LASSO E. Plastic phenotypic response to light of 16 congeneric shrubs from a panamanian rainforest. Ecology, 2000, 81(7): 1925-1936.

[10] BOUCHER J F, PIERRE Y B, HANK A M. Growth and physiological response of eastern white pine seedlings to partial cutting and site preparation. Forest Ecology and Management, 2007, 240(1): 151-164.

[11] NIINEMETS Ü, VALLADARES F, CEULEMANS R, et al. Leaf-level phenotypic variability and plasticity of invasive *Rhododendron ponticum* and non-invasive *Ilex aquifolium* co-occurring at two contrasting European sites. Plant, Cell and Environment, 2003, 26(6): 941-956.

[12] BEHERA S K, PANDA R K. Effect of fertilization and irrigation schedule on water and fertilizer solute transport for wheat crop in a sub-humid subtropical region. Agriculture, Ecosystems and Environment, 2009, 130(3): 141-155.

[13] 李伟成, 王树东, 钟哲科, 等. 酒竹的个体生长发育规律及其相关模型. 林业科学研究, 2011, 24(6): 713-719.

第12章

酒竹造林地土壤呼吸对氮输入的响应

全球森林土壤和植被中含有 1.146×10^{15} kg 碳，森林是仅次于深海的碳库[1]。陆地生态系统的土壤呼吸在调节全球碳循环方面扮演着重要角色，是影响大气 CO_2 浓度升高的关键过程。目前，森林在集约化经营模式的影响下，施肥量持续升高，氮素的增加已对各种生态系统的特征、功能产生了一系列影响。竹林作为中国南方重要的森林类型，竹林生态系统碳储量占中国森林碳储量的 5.1%[2,3]，在森林土壤碳储存方面具有重要地位。因此，深入研究氮肥对竹林生态系统土壤碳动态和 CO_2 排放时空特征的影响具有重大意义。

氮肥输入是森林管理的重要手段之一。研究氮素肥料施用的影响对预测土壤 CO_2 排放规律和制定农业减排措施起着关键作用[4]，但目前人们对竹林，特别是丛生竹生态系统土壤碳动态对氮输入做出何种响应仍然是未知的。目前，大型丛生竹产地的农民对退耕造丛生竹林有一定的意愿，在政府部门的扶持下，已有成规模的丛生竹林出现，并初步实现集约化管理。大型丛生竹是较好的固碳竹种，其造林可实现产业与生态共赢。但由于盲目追求经济利益，在许多丛生竹产区，集约化经营的竹园普遍存在着盲目施肥的现象。

酒竹是优良的笋材丛生竹类。其笋味甘美，秆材可作为造纸和生物质能源开发的原料，还有庭院绿化和固堤护岸的功能[2]。本研究以西南地区引种栽种的酒竹为对象，在不同氮输入的情况下，开展造林初期试验，以评价不同施氮措施对土壤 CO_2 排放的影响，并通过土壤温度、土壤水溶性有机碳含量和土壤水分含量等参数的变化探讨其响应机制，以期为预测中国西南中高山地区丛生竹造林的森林土壤碳动态提供参考，为进一步探讨氮输入对亚热带南缘丛生竹林生态系统碳循环的影响提供理论基础。

12.1 材料与方法

12.1.1 试验设计

试验地设于云南墨江苦竹梁子种植基地。第1年，对试验地统一整地后，施入栲胶渣作为基肥，株行距5.0m×5.0m。其间试验地处于半自然状态，仅进行人工收割灌草并就地覆盖，及时防治病虫害。第3年7月，设置4个氮肥水平［尿素，$CO(NH_2)_2$，以N计］处理：0（对照，N_0）、40（低氮，N_{40}）、80（中氮，N_{80}）和160（高氮，N_{160}）kg/hm^2，随机区组设计，每个处理施氮面积为300m^2。肥料均匀沟施，并结合施肥进行翻耕。栽后第4年5月开始测量土壤呼吸。

12.1.2 土壤呼吸的测定

采用红外CO_2分析法测定土壤呼吸。预先埋置测量器基座（PVC制，埋入地下5cm深处，略大于气室收集箱，具密封水槽），其气室收集箱（有机玻璃制，高40cm）中有2个12V外接电源风扇（用以混合气体），2～3min后，待CO_2读数稳定上升后开始收集数据。从栽后第4年5月至第5年5月上、中旬，选择晴天于9：30—11：30进行测量，每月测量土壤呼吸2次，每个处理重复3次，取平均值，以获得土壤呼吸年变化动态。同时，在土壤呼吸测定点周边20cm内测定10cm深处土壤温度（T_{10}）。

利用下式计算土壤呼吸速率[5]：

$$RS = \frac{M}{V_0} \cdot \frac{P}{p_0} \cdot \frac{T_0}{T} \cdot H \cdot \frac{dc}{dt}$$

式中：RS为呼吸速率［$g\,CO_2/(m^2 \cdot h)$］；M为CO_2摩尔质量（g/mol）；p_0和T_0为理想气体标准状态下的空气压强和气温（分别为1013.25hPa和273.15K）；V_0为CO_2在标准状态下的摩尔体积，即22.4L/mol；H为箱室高度（m）；P和T为测定时的实际气压和气温；$\frac{dc}{dt}$为箱内CO_2浓度随时间变化的回归曲线斜率。

在本研究中，CO_2呼吸速率与温度的关系采用指数形式模型进行描述：

$$RS = ae^{\beta T}$$

式中：T为气温（绝对温度）；a是温度为0℃时的土壤呼吸速率；β为温度反应系数[6]。

温度敏感指数（Q_{10}）通过下式确定：

$$Q_{10} = e^{10\beta}$$

12.1.3　土壤参数测定

每月测量土壤呼吸的同时采集1次土样，采集距土壤呼吸测量点30cm处的土样3个（0～20cm深的土层），去杂并过2mm筛。鲜样于4℃以下保存3～5h，用来测定土壤水溶性有机碳含量（$WSOC$）：称鲜土20.00g，水土比为2：1，用蒸馏水浸提，在25℃下振荡0.5h，再在高速离心机中（8000r/min）离心10min，抽滤过0.45μm滤膜，抽滤液直接在岛津TOC-VcpH有机碳分析仪上测定土壤水溶性有机碳含量，取平均值。同时，用烘干法测量土壤含水量（SW）。

12.1.4　数据处理

采用单因素方差分析和最小显著差异法比较不同处理间的差异显著性。

12.2　结果与分析

12.2.1　不同氮输入条件下丛生竹林土壤呼吸的季节变化

试验地酒竹人工林土壤呼吸速率最低值出现在1月的N_0处理下［0.1819 g CO$_2$/(m^2·h)］，最高值出现在9月的N_{80}处理下［1.0703g CO$_2$/(m^2·h)］。不同氮输入处理的土壤呼吸速率均在雨季初期呈现快速上升的趋势，而后在11月旱季来临时下降，在12月至翌年3月均保持在较低水平上（见图12-1）。雨季与旱季的土壤呼吸有显著差异：雨季土壤呼吸速率波动较大（如6月数据），旱季则较为平稳，4个氮输入处理下雨季平均土壤呼吸分别是旱季的132.23%、121.69%、110.69%和113.96%。与对照N_0相比，土壤呼吸对N_{40}处理的响应无统计学意义（$p > 0.05$），土壤呼吸对N_{80}和N_{160}处理有显著的响应（$p < 0.05$）；在雨季中，N_{80}和N_{160}处理的土壤呼吸较N_0分别提高了36.29%和35.44%，而在旱季中，两者的土壤呼吸较N_0分别提高了57.01%和53.40%。高氮输入（N_{160}）与中氮输入（N_{80}）的土壤呼吸无显著差异（$p > 0.05$）。

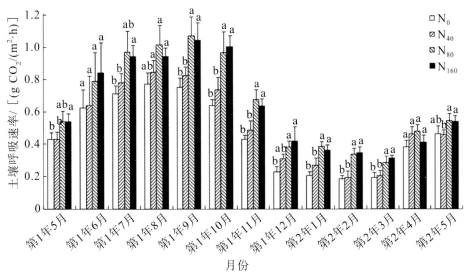

图 12-1　不同氮输入条件下土壤呼吸的季节变化

注：相同字母表示差异不显著（$p > 0.05$）；不同字母表示差异显著（$p < 0.05$）

12.2.2　不同氮输入条件下丛生竹林土壤呼吸与各土壤参数的关系

各个处理下酒竹人工林 T_{10}、$WSOC$ 和 SW 的变化基本相似，在雨季—旱季的转换过程中呈现上升—高峰—下降—低谷的趋势（$p < 0.05$）（见表12-1）。

表 12-1　不同氮输入条件下的土壤参数

月份	10cm深处土壤温度/℃			
	N_0	N_{40}	N_{80}	N_{160}
第1年5月	7.77 ± 0.59^a	7.70 ± 0.51^a	7.52 ± 0.57^a	7.60 ± 0.53^a
第1年6月	10.17 ± 0.68^a	10.08 ± 1.54^a	9.78 ± 0.97^a	9.78 ± 1.15^a
第1年7月	12.42 ± 0.59^a	12.67 ± 0.40^a	12.50 ± 0.51^a	12.72 ± 0.43^a
第1年8月	16.38 ± 1.32^a	16.13 ± 1.07^a	16.82 ± 1.30^a	16.47 ± 0.99^a
第1年9月	17.42 ± 0.58^a	17.63 ± 0.54^a	17.77 ± 0.74^a	18.08 ± 0.60^a
第1年10月	14.33 ± 1.15^a	13.90 ± 1.07^a	14.40 ± 0.96^a	14.25 ± 1.04^a
第1年11月	8.48 ± 0.47^a	8.43 ± 0.41^a	8.65 ± 0.59^a	8.78 ± 0.32^a
第1年12月	6.07 ± 0.85^a	6.22 ± 1.02^a	6.27 ± 0.97^a	6.68 ± 1.00^a
第2年1月	4.67 ± 0.18^a	4.82 ± 0.33^a	4.78 ± 0.33^a	4.98 ± 0.25^a
第2年2月	4.28 ± 0.23^b	4.18 ± 0.12^b	4.70 ± 0.13^a	4.17 ± 0.14^b
第2年3月	4.65 ± 0.16^b	4.87 ± 0.24^{ab}	4.87 ± 0.23^{ab}	5.05 ± 0.14^a
第2年4月	5.78 ± 0.43^a	5.71 ± 0.28^a	5.63 ± 0.41^a	6.02 ± 0.46^a
第2年5月	6.30 ± 0.21^b	6.07 ± 0.24^b	6.93 ± 0.16^a	6.48 ± 0.33^{ab}

续表

月份	土壤水溶性有机碳含量/(mg/kg)			
	N_0	N_{40}	N_{80}	N_{160}
第1年5月	207.10±81.11[a]	146.03±73.44[a]	226.93±53.37[a]	239.80±30.52[a]
第1年6月	186.70±55.97[b]	203.27±27.29[b]	274.30±37.58[a]	261.90±19.11[a]
第1年7月	225.43±75.21[b]	265.23±34.73[ab]	293.00±33.19[a]	309.02±21.03[a]
第1年8月	212.10±33.92[b]	239.70±24.62[b]	328.97±27.74[a]	310.77±21.98[a]
第1年9月	347.80±54.62[a]	294.63±41.81[a]	328.67±41.69[a]	334.70±78.73[a]
第1年10月	244.93±30.19[b]	235.97±19.90[b]	313.83±20.82[a]	322.13±32.15[a]
第1年11月	202.07±98.07[a]	153.57±48.85[b]	264.83±15.20[a]	255.83±27.79[a]
第1年12月	61.17±57.32[b]	102.80±47.03[a]	130.97±12.21[a]	153.27±43.69[a]
第2年1月	107.07±16.76[b]	90.77±27.95[b]	145.60±14.23[a]	139.43±37.49[b]
第2年2月	144.17±41.05[a]	107.27±20.58[a]	109.30±18.24[a]	124.37±21.90[a]
第2年3月	126.20±46.42[a]	99.43±45.12[a]	123.00±31.68[a]	115.93±29.84[a]
第2年4月	136.65±13.38[b]	122.40±13.36[b]	183.27±34.23[a]	200.83±27.49[a]
第2年5月	239.23±18.44[a]	209.30±21.85[a]	225.13±32.92[a]	245.37±32.04[a]

月份	土壤水分含量/%			
	N_0	N_{40}	N_{80}	N_{160}
第1年5月	19.33±2.71[a]	21.50±3.03[a]	20.77±5.26[a]	22.20±2.38[a]
第1年6月	31.50±2.19[a]	34.17±11.98[a]	29.63±2.45[a]	26.97±8.23[a]
第1年7月	48.50±7.85[a]	47.17±7.09[a]	45.87±12.35[a]	51.50±10.11[a]
第1年8月	52.93±8.72[a]	53.60±15.73[a]	55.00±5.63[a]	51.57±10.19[a]
第1年9月	57.20±7.13[a]	54.67±5.06[a]	53.70±8.15[a]	54.90±6.53[a]
第1年10月	58.87±6.53[a]	59.60±6.06[a]	62.73±8.34[a]	61.13±7.01[a]
第1年11月	46.67±7.74[a]	52.63±5.92[a]	50.93±5.18[a]	51.57±6.44[a]
第1年12月	41.00±1.25[a]	41.33±2.85[a]	43.37±2.27[a]	44.20±3.81[a]
第2年1月	37.87±2.93[a]	40.50±5.57[a]	35.87±4.27[a]	33.30±3.60[a]
第2年2月	28.80±5.59[a]	27.87±4.78[a]	29.03±4.40[a]	28.60±0.60[a]
第2年3月	22.00±2.18[a]	23.17±2.46[a]	19.47±3.99[a]	22.87±2.94[a]
第2年4月	18.87±4.21[a]	19.50±2.55[a]	23.43±5.45[a]	22.47±3.91[a]
第2年5月	23.23±2.90[a]	22.87±6.35[a]	19.93±3.37[a]	23.07±4.52[a]

注：相同字母表示差异不显著（$p>0.05$）；不同字母表示差异显著（$p<0.05$）

全年T_{10}在4.17℃±0.14℃～18.08℃±0.60℃的范围内；除了第2年2、3和5月有略微波动产生差异外，不同处理下T_{10}无统计学意义（$p>0.05$）（见表12-1）。酒竹人工林土壤呼吸速率与T_{10}的关系可用指数方程拟合。F检验表明各个处理下回归相关性均达到极显著相关（$p<0.01$）（见图12-2、表12-2）。计算得到各个处理下全年的温度敏感指数Q_{10}为2.45～2.79；雨季的Q_{10}为

$1.67 \sim 1.89$，旱季的Q_{10}较为特殊，为$4.86 \sim 9.54$；N_{80}和N_{160}处理降低了土壤呼吸的温度敏感性（见表12-2）。

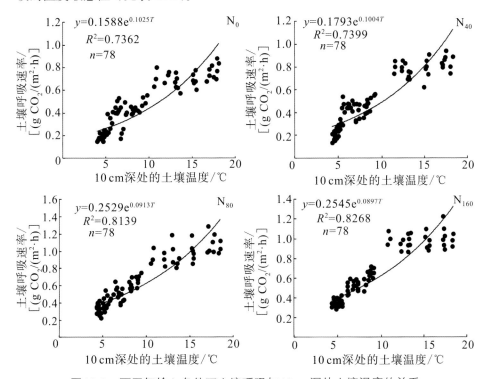

图12-2　不同氮输入条件下土壤呼吸与10cm深处土壤温度的关系

表12-2　雨季和旱季不同氮输入条件下土壤呼吸速率与土壤温度的关系

处理	N_0	N_{40}	N_{80}	N_{160}
全年Q_{10}	2.7871	2.7292	2.4918	2.4522
旱季Q_{10}	8.5420	9.5448	5.2278	4.8550
雨季Q_{10}	1.6670	1.8946	1.8608	1.7040
旱季指数模型（$n=42$）	$y=0.0798e^{0.2145T}$	$y=0.0841e^{0.2256T}$	$y=0.1594e^{0.1654T}$	$y=0.1624e^{0.158T}$
旱季R^2	0.7487*	0.7580*	0.8047*	0.8840*
旱季F	0.0079	0.0094	0.0087	0.0065
雨季指数模型（$n=36$）	$y=0.3271e^{0.0511T}$	$y=0.2974e^{0.0639T}$	$y=0.3818e^{0.0621T}$	$y=0.4287e^{0.0533T}$
雨季R^2	0.8069*	0.8289*	0.8359*	0.7862*
雨季F	0.0015	0.0023	0.0035	0.0028

注：*表示差异极显著（$p<0.01$）

WSOC是土壤环境变化的敏感指标，可用来反映环境条件的变化。对酒竹人工林各个处理下WSOC的方差分析可以发现（见表12-1），测得的WSOC数据不稳定，表明其在土壤中分布的空间异质性；WSOC的极值都出现在N_0处理下，分别为347.80mg/kg±54.62mg/kg和61.17mg/kg±57.32mg/kg；与N_0和N_{40}处理相比较，N_{80}和N_{160}处理可以显著提高WSOC（$p < 0.05$），其均值在雨季中分别提高28.08%和30.22%，在旱季中则分别提高13.71%和37.33%，但N_{80}和N_{160}处理下的WSOC之间无显著差异（$p > 0.05$）（见表12-1）。不同处理下的土壤呼吸速率与WSOC可以用线性方程拟合，回归分析表明它们之间的相关性达到极显著（$p < 0.01$）（见图12-3）。

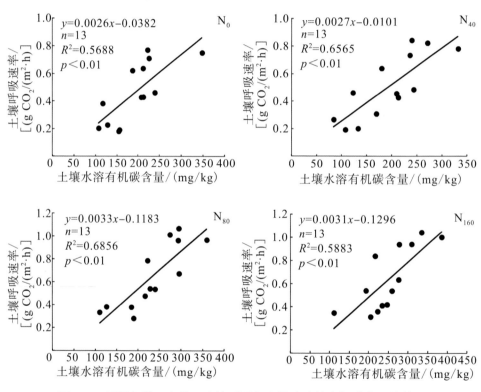

图12-3　不同氮输入条件下土壤呼吸与土壤水溶性有机碳含量的关系

全年不同处理下的SW无统计学意义（$p > 0.05$）（见表12-1）。雨季SW最高值为N_{80}处理下的62.73%±8.34%，旱季最低值为N_0处理下的18.87%±4.21%。土壤呼吸速率与SW呈现线性关系（见图12-4），回归分析表明它们之间的相关性呈极显著（$p<0.01$）。

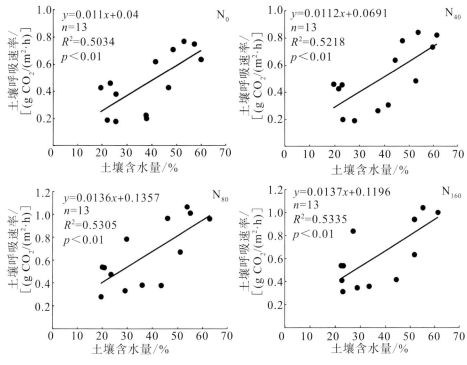

图12-4 不同氮输入条件下土壤呼吸与土壤含水量的关系

酒竹人工林的氮输入并不能提高T_{10}和SW，但N_{80}和N_{160}处理相对提高了$WSOC$。$WSOC$、SW与土壤呼吸的线性方程显示，N_0与N_{40}处理的线性方程的斜率接近，而N_{80}与N_{160}处理的线性方程的斜率接近，表明N_0与N_{40}处理下$WSOC$和SW的变化接近，而N_{80}与N_{160}处理下这两者变化类似，这种关系也间接体现了表12-1中数据的差异。

全年不同处理下的土壤呼吸的变化可以由SW和T_{10}的变化来解释（见表12-3），两者解释了N_0、N_{40}、N_{80}和N_{160}处理下土壤呼吸变化的96.10%、94.30%、94.48和92.99%，贡献了绝大部分信息量。雨季土壤呼吸的信息解释表明，全年N_0、N_{40}和N_{80}处理下的第一因子为SW，贡献率超过60%；旱季中，N_0、N_{40}和N_{80}处理下的第一因子为T_{10}，贡献率48.12%～60.40%；除N_{160}处理外，其他处理下的雨季和旱季土壤呼吸受影响的第二因子都有$WSOC$的成分。表12-3表明，雨季中土壤呼吸主要受SW的影响，而旱季中则受T_{10}的影响较大。氮输入在一定程度上提升了 $WSOC$，$WSOC$ 的变化与土壤呼吸速率基本同步，雨季和旱季中其对土壤呼吸速率变化有一定的作用，但就全年数据而言，作为主要影响因子，其贡献率仍不及 T_{10} 和 SW。在雨季和旱季，N_{160} 处理下的土壤呼吸都没有受到 $WSOC$ 的影响，说明高浓度氮输入虽然提高了 $WSOC$，但 $WSOC$ 对其土壤呼吸的贡献仍较弱。

表 12-3　不同氮输入条件下土壤呼吸的因子分析

时间	因子与累计贡献率	N$_0$		N$_{40}$		N$_{80}$		N$_{160}$	
		作用因子	贡献率/%	作用因子	贡献率/%	作用因子	贡献率/%	作用因子	贡献率/%
全年	第一因子	SW	49.39	T_{10}	48.35	SW	47.94	SW	51.26
	第二因子	T_{10}	46.71	SW	45.95	T_{10}	46.54	T_{10}	41.73
	累计贡献率/%	—	96.10	—	94.30	—	94.48	—	92.99
雨季	第一因子	SW	62.49	SW	62.04	SW	60.12	SW	49.54
	第二因子	$T_{10} \times WSOC$	35.54	$T_{10} \times WSOC$	35.58	$T_{10} \times WSOC$	37.43	T_{10}	49.50
	累计贡献率/%	—	98.03	—	97.62	—	97.55	—	99.04
旱季	第一因子	T_{10}	48.12	T_{10}	60.40	T_{10}	55.59	SW	52.03
	第二因子	$WSOC \times SW$	42.40	$WSOC \times SW$	37.94	$WSOC \times SW$	44.32	T_{10}	43.47
	累计贡献率/%	—	90.52	—	98.34	—	99.91	—	95.50

12.3　讨论

由于受到多种生物和非生物因子的影响，土壤呼吸在不同空间和时间尺度上的动态变化可能不一致[7]。不同氮输入条件下，土壤呼吸表现出促进[3,8]、抑制[9,10]或无明显变化[11,12]这 3 种响应方式，故氮输入对森林土壤碳通量及碳贮量的影响仍然存在很大的不确定性[7,13]。本研究表明，在供试土壤上施用低浓度氮肥（N_{40}）对土壤呼吸的影响并不大，中等浓度氮肥（N_{80}）则使土壤呼吸速率明显上升，但高浓度氮肥（N_{160}）对土壤呼吸速率的影响与 N_{80} 差异不大。这与高会议等[4]关于黄土旱塬区麦田土壤呼吸的研究结果类似，但并没有出现高浓度氮输入对土壤呼吸产生抑制的情况。由于气候带和植被类型的不同，中国云南省西南中高山地区存在明显的旱雨季更替现象，其土壤呼吸变化随着这种更替出现了显著性差异，土壤呼吸表现为雨季高涨、旱季低落，这种变化可以由土壤温度、土壤水溶性有机碳含量和土壤水分含量来解释。

土壤呼吸的差异主要受土壤温度、湿度、基质供应量等因素的影响，并通过影响植物根系和微生物来影响土壤呼吸的季节动态[1,11]。本试验酒竹人工林的T_{10}随着气候环境的变化而出现有序的变化，具有明显的区域性，解释了旱季土壤呼吸近50%的信息量。试验数据表明，旱季土壤呼吸对温度更为敏感，与冯文婷等[14]的试验结果趋同，但全年Q_{10}小于西南中山湿性常绿阔叶林土壤呼吸Q_{10}（4.53）[14]，雨季的温度敏感性略低，氮输入显著影响旱季的温度敏感性，具体表现为低氮＞中高氮，原因可能是降温会加速土壤呼吸底物的积累，增加呼吸底物有效性，进而增加了土壤呼吸的敏感性[7]，而中高浓度的氮输入在一定程度上促进呼吸底物的分解，降低了土壤呼吸的温度敏感性。

有研究表明，土壤有机质含量并不能表征施肥对土壤呼吸的影响[13]，而土壤活性有机碳含量、氮肥与土壤呼吸之间的关系可能更加密切[3]。$WSOC$是土壤环境变化的指标，不少研究结果表明，施肥处理会显著影响土壤$WSOC$含量[3,10,15]。本试验$WSOC$年变化规律基本与T_{10}、SW变化一致，虽然测得的$WSOC$波动较大，但仍然反映了土壤呼吸规律的部分信息。在雨季$WSOC$显著增大，这是由于土壤水分的变化引起土壤溶液中有机碳总量的变化[16]。氮输入条件下，雨季土壤呼吸显著提升是因为温度和水分含量上升使得土壤有机碳分解，从而增强土壤呼吸[17]。另外，雨季也是该区域植被发育最快和酒竹出笋的季节，亦可能通过增强根际呼吸来提高土壤呼吸。

不同研究结果的差异可能是森林土壤类型、肥料种类与用量、研究环境的异质性所造成的[18]，并与净初级生产力密切相关[19]。本试验中，无论雨季还是旱季，N_{80}和N_{160}处理下$WSOC$都增加了，但高浓度氮输入（N_{160}）的效果与中浓度氮输入（N_{80}）的差异不大。试验酒竹丛生竹林的供试地为退耕地，属于典型的中高山旱作区域，土壤较为贫瘠，酒竹生长速率较快，栽竹后3年即成林，郁闭度0.5左右，竹林处在生长旺盛期，由于土壤肥力的原因，N_0区块出现了退笋现象，故依此判断该试验地处于缺氮状态。有研究[8]表明，当土壤处于氮限制状态时，土壤中可用性氮的增加可以增加土壤微生物活性和植被根系活力，与本试验类似的氮输入增加了酒竹人工林的初级生产力[2]，进而使其土壤呼吸速率增加。而对于氮限制土壤而言，高浓度氮输入的效果并不明显，这也解释了N_{160}处理下全年、雨季和旱季土壤呼吸速率因子分析中$WSOC$的贡献率较小的原因。

一般而言，施肥可改善植株发育性状，增加土壤水分的消耗。本试验中氮输入虽然促进了酒竹植株的生长，但对SW的影响不显著，可能是由于短期施肥对土壤水分涵养的影响尚未显现。氮输入条件下的土壤呼吸可以由T_{10}、$WSOC$和SW解释，雨季与旱季土壤呼吸的主导因素互不不同，雨季为SW，而旱季为T_{10}。由于土壤呼吸排放过程和机理十分复杂，受众多环境因子和生物因子的影响，单纯测定土壤呼吸情况并不能全面反映生态系统碳循环的变化，因此，需要在氮输入研究中加强各碳库有效成分对土壤呼吸的影响及其互相作用的可控试验，并与土壤呼吸过程的长期宏观监测相结合。

参考文献

[1] SCHIMEL D S. Terrestrial ecosystems and the carbon cycle. Global Change Biology, 1995, 1(1): 77-91.

[2] 李伟成，王树东，钟哲科，等. 酒竹的个体生长发育规律及其相关模型. 林业科学研究，2011，24(6): 713-719.

[3] 李永夫，姜培坤，刘娟，等. 施肥对毛竹林土壤水溶性有机碳氮与温室气体排放的影响. 林业科学，2010，46(12): 165-171.

[4] 高会议，郭胜利，刘文兆，等. 施氮水平对黄土旱塬区麦田土壤呼吸变化的影响. 环境科学，2010，31(2): 390-397.

[5] DREWITT G B, BLACK T A, NESIC Z, et al. Measuring forest floor CO_2 fluxes in a Douglas-fir forest. Agriculture and Forest Meteorology, 2002, 110: 299-317.

[6] LUO Y, WAN S, HUI D, et al. Acclimatization of soil respiration to warming in a tall grass prairie. Nature, 2001, 413: 622-625.

[7] LEE M S, NAKANE K, NAKATSUBO T, et al. The importance of root respiration in annual soil carbon fluxes in a cool-temperate deciduous forest. Agricultural and Forest Meteorology, 2005, 134: 95-101.

[8] 涂利华，戴洪忠，胡庭兴. 模拟氮沉降对华西雨屏区撑绿杂交竹林土壤呼吸的影响.

应用生态学报，2011，22(4): 829-836.

[9] CLEVELAND C C, TOWNSEND A R. Nutrient additions to a tropical rain forest drive substantial soil carbon dioxide losses to the atmosphere. Proceedings of the National Academy of Sciences of the United States of America, 2006, l03: 10316-10321.

[10] DING W X, CAI Y, CAI Z C, et al. Soil respiration under maize crops: effects of water, temperature, and nitrogen fertilization. Soil Science Society of America Journal, 2007, 71: 944-951.

[11] BURTON A J, PREGITZER K S. Field measurement of root respiration indicate little to no seasonal temperate acclimation for sugar maple and red pine. Tree Physiology, 2003, 23(4): 273-280.

[12] SCHULZE E D. Biological control of the terrestrial carbon sink. Biogeosciences, 2006, 3(2): 147-166.

[13] OLSSON P, LINDER S, GIESLER R, et al. Fertilization of boreal forest reduces both autotrophic and heterotrophic soil respiration. Globe Change Biology, 2005, 11(10): 1745-1753.

[14] 冯文婷，邹晓明，沙丽清，等. 哀牢山中山湿性常绿阔叶林土壤呼吸季节和昼夜变化特征及影响因子比较. 植物生态学报，2008，32(1): 31-39.

[15] KUZYAKOV Y. Sources of CO_2 efflux from soil and review of partitioning methods. Soil Biology and Biochemistry, 2006, 38(3): 425-448.

[16] 杜丽君，金涛，阮雷雷，等. 鄂南4种典型土地利用方式红壤CO_2排放及其影响因素. 环境科学，2007，28(7): 1607-1613.

[17] MICKS P, ABER J D, BOONE R D, et al. Short-term soil respiration and nitrogen immobilization response to nitrogen applications in control and nitrogen-enriched temperate forests. Forest Ecology and Management, 2004, 196(1): 57-70.

[18] PENG Y Y, THOMAS S C, TIAN D L. Forest management and soil respiration: Implications for carbon sequestration. Environmental Reviews, 2008, 16: 93-111.

[19] RAICH J W, SCHLESINGER W H. The global carbon dioxide flux in soil respiration and its relationship to vegetation and climate. Tellus, 1992, 44(2): 81-99.

第 13 章

快繁育苗技术

常用的竹类植物繁殖方法分为有性繁殖与无性繁殖两大类。由于竹类植物开花周期长，且十花九不孕，很难得到种子[1]，因此大多数竹类植物的繁殖主要通过无性繁殖来实现。竹类植物无性繁殖育苗主要包括移篼、扦插、压条以及组织培养等。随着竹产业的发展，许多地方多采用扦插和组织培养这两种快速繁殖方法进行大规模的工业化竹苗生产。

13.1 埋秆与扦插技术研究

埋秆和扦插可在短期内培育出大量与亲本优良遗传性状完全一致的竹苗，缩短育苗时间，提高土地利用率；材料易取，成本低，繁殖速度快，育苗技术简单；引种和运输方便；适宜大面积造林育苗。但埋秆和扦插枝条未生根前环境适应能力差，要求管理精细，受季节限制且不宜长途运输，最好就地取枝、就近扦插。埋秆和扦插繁殖可为中国西南半干旱地区发展酒竹人工林提供便捷的途径。埋秆和扦插繁殖经济地利用了繁殖材料，既可进行大量育苗和多季育苗，亦可保持母本的优良性状。本文通过茎秆的埋秆、枝的扦插试验探寻不同年龄（一或二年生）酒竹的不同构件（茎秆和一级枝）在不同基质中的最佳扦插效果，并用生长调节剂生根粉（ABT）对插穗进行处理，以求找到经济、实用、快速的酒竹繁殖方法，在短期内提供大量扦插苗，为酒竹人工无性系造林提供理论依据。

13.1.1 试验地

试验地一设于云南省元江县，试验地二设于云南省墨江县土地塘种植基地。

13.1.2 材料与方法

分别在5月的元江、4月的墨江进行埋秆和扦插繁殖试验。为了适应元江基地干热河谷的气候特点，定期浇水。

1. 茎秆类型试验

采取随机区组设计，选择中部（第6～15节）腋芽饱满、生长健壮、无病虫害、无机械损伤的一年生、二年生的茎秆，分别取单节、双节和三节埋秆，留1～2枚小枝与3～5片叶，各取5秆为1个重复，设置5个重复，清水浸泡2h，埋秆间距8～10cm。设置ABT浸泡对照：使用ABT稀释液（200～300mg/L）将上述茎秆全材料浸泡2h，各取5秆为1个重复，设置5个重复。

2. 枝类型试验

取二年生中部（第6～15节）茎秆的当年生、一年生的一级粗壮枝（直径11～15mm），分单节、双节和三节不留叶扦插，各取10支为1个重复，设置5个重复，清水浸泡2h，扦插株行距10cm×10cm。设置ABT浸泡对照：使用ABT稀释液（200～300mg/L）将上述材料浸泡2h，各取10支为1个重复，设置5个重复。

基质有元江本地的砂红壤和墨江本地的赤红壤；设置对照为河沙＋10%蛭石。红壤基质扦插床为2m×10m的长方形，分别于5月（元江）、4月（墨江）雨季初期进行劈草清杂，垦复深翻30cm，挖除树篼、草头，拣去石块，将腐烂的杂草和表土深层回填，心土土块呈鱼鳞状覆盖。于样地边缘挖掘台口式平台，台口宽1.5m，外高里低，平台内侧开设30cm深保水沟，松土回填于样地上方，最深处50cm以上（高培土）。样地处理按常规林业技术方法进行。

在埋秆、扦插前整平扦插床，然后消毒，待消毒液（稀释1000倍多菌灵）透过基质后再扦插。枝条扦插深度为插穗长的1/3～1/2，扦插时与地面成75°～80°（露出土面的用保鲜塑封包水、泥，用细棉线绑紧），扦插后压实扦插枝四周基质，扦插结束后浇1次透水。然后用竹片搭高40～50cm的半圆拱棚，用塑料薄膜覆盖，增加苗床温度和湿度。再根据不同的环境湿度进行水分管理：于元江，在作业后每天18：00喷灌30min；于墨江，在作业后每隔10～15天施1次水，如连续下雨，则需要进行防涝作业。各组采用相同的管理措施，主要包括除草，浇水，清除扦插床内的枯枝、落叶等杂物和杂草。

13.1.3 结果与分析

根据云南元江试验地的试验结果，不同年龄和不同节数的茎秆埋秆、一级粗壮枝扦插都可生根（见图13-1、图13-2），且对ABT处理较为敏感，对不同基质的反应大相径庭。一年生茎秆单节埋秆时，除ABT处理的茎秆在河沙＋10%蛭石基质（RSV）条件下生根外，在其他基质中均没有生根迹象；双节埋秆除了在本地砂红壤基质（NRL）条件下没有生根外，在其他基质条件下都成功生根；三节埋秆明显比单节、双节埋秆的生根成功率高，而且各种基质和处理下都可以生根，其在NRL条件下的生根率平均达到28.0%（见表13-1），大于ABT处理下本地砂红壤基质（ANRL）条件下双节埋秆的平均生根率（24.0%，见表13-1）；一年生茎秆埋秆最大生根率出现在ABT处理下河沙＋10%蛭石基质（ARSV）条件下，平均为36.0%。二年生茎秆在不同基质和处理下的单节、双节和三节埋秆的生根率明显高于一年生茎秆，规律比较明显：相同条件下，单节＜双节＜三节（$p<0.05$）；不同基质和ABT处理下，NRL＜RSV（$p<0.05$），ANRL＜ARSV（$p<0.05$）；ABT处理＞非ABT处理（$p<0.05$）。二年生茎秆单节和双节在NRL条件下埋秆时，生根率最小，平均均为24.0%（见表13-1）；三节埋秆明显比单节、双节生根成功率高，在ARSV条件下生根率达到最高，平均为68.0%（见表13-1）。一年生茎秆在不同基质和处理下的平均生根率有差异，所表现出来的规律没有二年生茎秆明显，且有些情况，如ABT处理下的双节埋秆、ABT处理与非ABT处理下的三节埋秆，甚至出现了与二年生茎秆规律相反的现象，但

图13-1　埋秆

图13-2　生根

这些区组的标准误差值较大，说明区组中各重复之间差异较大，其结果表现不稳定。

表13-1　元江不同年龄的茎秆埋秆、枝扦插的生根率比较

处理	一年生茎秆			二年生茎秆		
	单节	双节	三节	单节	双节	三节
清水						
本地砂红壤	0.000±0.000	0.000±0.000	0.280±0.109	0.240±0.261	0.240±0.089	0.400±0.245
河沙＋10%蛭石	0.000±0.000	0.16±0.089	0.320±0.179	0.280±0.228	0.400±0.141	0.440±0.167
ABT						
本地砂红壤	0.000±0.000	0.240±0.167	0.280±0.179	0.320±0.179	0.440±0.167	0.560±0.167
河沙＋10%蛭石	0.080±0.109	0.200±0.141	0.360±0.167	0.400±0.283	0.520±0.228	0.680±0.179
处理	当年生一级枝			一年生一级枝		
	单节	双节	三节	单节	双节	三节
清水						
本地砂红壤	0.000±0.000	0.000±0.000	0.000±0.000	0.000±0.000	0.080±0.084	0.140±0.134
河沙＋10%蛭石	0.000±0.000	0.000±0.000	0.067±0.115	0.000±0.000	0.080±0.084	0.120±0.084
ABT						
本地砂红壤	0.000±0.000	0.000±0.000	0.000±0.000	0.000±0.000	0.120±0.130	0.140±0.055
河沙＋10%蛭石	0.000±0.000	0.020±0.045	0.080±0.045	0.000±0.000	0.100±0.071	0.140±0.055

利用酒竹二年生茎秆上的一级粗壮枝进行扦插，从表13-1可以得到：当年生一级枝扦插较难生根，仅RSV条件下三节扦插、ARSV条件下双节和三节扦插生根，且生根率较低，上述三种条件下的平均生根率为6.7%、2.0%和8.0%；除单节扦插没有生根外，一年生的一级粗壮枝生根率明显高于当年生，但生根率亦不高，最高仅达到14.0%；总体而言，三节扦插的成功率比双节和单节大，ABT处理的效果不明显（$p > 0.05$）。

试验数据表明，在不同基质和处理下云南墨江试验地不同年龄酒竹的茎秆、枝的生根率明显高于元江试验地（$p < 0.05$）。墨江试验结果中，二年生茎秆表现为：RSV和ARSV＞NLS和ANLS，最大平均生根率达到84.0%（见表13-2）；除了单节埋秆，一年生茎秆与二年生茎秆比较，不同基质和处理下生根率表现出差异（$p < 0.05$）。一级粗壮枝的扦插结果表现为：当年生一级枝的单节扦插在非ABT处理下没有生根迹象，ABT处理下平均生根率亦仅为4.0%，

有一定的效果（$p<0.05$）；但双节和三节的ABT处理没有效果，甚至有适得其反的情况出现，如RSV和ARSV条件下的三节扦插；双节和三节扦插的生根率没有规律，区组标准误差值亦不稳定。一年生一级枝单节扦插的生根率则可以达到14.0%，且ABT处理效果不明显（$p>0.05$）；双节和三节扦插的ABT处理效果显著（$p<0.05$），均表现为ABT处理下的生根率大于非ABT处理；除ANLS条件以外，一年生一级粗壮枝三节扦插的生根率大于双节扦插。

表13-2　墨江不同年龄的茎秆埋秆、枝扦插的生根率比较

处理	一年生茎秆			二年生茎秆		
	单节	双节	三节	单节	双节	三节
清水						
本地赤红壤	0.240±0.200	0.280±0.179	0.360±0.089	0.320±0.178	0.560±0.261	0.720±0.109
河沙＋10%蛭石	0.200±0.089	0.320±0.179	0.480±0.228	0.360±0.167	0.680±0.228	0.800±0.200
ABT						
本地赤红壤	0.280±0.228	0.360±0.089	0.440±0.167	0.440±0.089	0.720±0.109	0.840±0.167
河沙＋10%蛭石	0.280±0.109	0.400±0.200	0.560±0.089	0.440±0.219	0.720±0.303	0.840±0.261
处理	当年生一级枝			一年生一级枝		
	单节	双节	三节	单节	双节	三节
清水						
本地赤红壤	0.000±0.000	0.080±0.084	0.040±0.055	0.120±0.109	0.180±0.045	0.200±0.100
河沙＋10%蛭石	0.000±0.000	0.040±0.055	0.060±0.055	0.140±0.089	0.140±0.114	0.320±0.045
ABT						
本地赤红壤	0.040±0.055	0.080±0.109	0.060±0.089	0.120±0.084	0.280±0.084	0.260±0.134
河沙＋10%蛭石	0.040±0.055	0.060±0.055	0.040±0.055	0.140±0.055	0.300±0.158	0.360±0.134

对移栽成活率指标进行多重方差分析，得到了不同年龄和不同构件的显著性检验结果，其移栽成活率表现为：墨江二年生茎秆（CTM）＞元江二年生茎秆（CTY）＞墨江一年生茎秆（COM）＞元江一年生茎秆（COY）＞墨江一年生一级枝（BOM）＞元江一年生一级枝（BOY）＞元江当年生一级枝（BFY）＞墨江当年生一级枝（BFM）（见图13-3）。其中，茎秆的移栽成活率的表现为：CTM、CTY、COM、COY四者之间差异不显著（$p>0.05$）；一级粗壮枝的移栽成活率表现为：BOM与BFM有差异（$p<0.05$）。CTM的平均移

栽成活率最高，为96.17%；BFM的平均移栽成活率最低，为56.49%；BFM的平均移栽成活率比BFY低，但差异不显著，造成BFM较低的原因可能是水分管理不当导致扦插床有霉菌滋生。

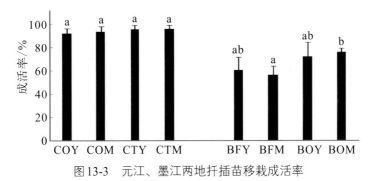

图13-3　元江、墨江两地扦插苗移栽成活率

注：相同字母表示差异不显著（$p>0.05$）；不同字母表示差异显著（$p<0.05$）

13.1.4　讨论

目前，带箨移植是丛生竹类植物最好的半自然繁殖方法[2]，但需要花费大量劳动力挖掘根茎，且根、芽损伤的风险较大[3]。此外，酒竹的竹箨体积大，难以处理和运输，不适合远距离的大规模人工林建造，且酒竹假鞭觅食行为受环境的影响很大，紧密结合在一起的丛生竹箨部给挖掘工作造成了很大的困难，故不宜采用这种方法来培养酒竹的无性繁殖材料。

不同年龄酒竹的不同构件在不同的处理条件下进行扦插试验均可以成功，然而，茎秆埋秆比利用一级粗壮枝进行扦插的生根率、移栽成活率均更高，这与原产地直接削秆以整株扦插繁殖类似，但此法较为粗犷，浪费了较多的繁殖材料。试验发现，一年生一级粗壮枝的生根率高，这与一年生、二年生茎秆的试验结果类似，但移栽成活率十分低，作业效率不高。同时，元江和墨江的试验发现，扦插所用插条的节数越多，生根率越高。除个别情况外，河沙＋10%蛭石基质更有利于酒竹插条生根。在墨江，酒竹于6—10月雨水充沛的情况下，节部环生大量的气生根，而利用这种气生根进行繁殖，几乎可以达到100%的移栽成活率，然而这种气生根只萌发在接近地表的1～2节，供试材料少。因此，酒竹可以利用茎秆，特别是二年生茎秆分段埋秆进行无性繁殖，以达到快速推广的目的。另外，直接在地利用椰子壳（包括内、外果壳）进行包秆挂枝亦可以使酒竹在节部生根，目前还没有对生根部位进行截枝移栽试验和数据统计。

受体内含水量的影响，插条水分亏缺时，不定根的生长会停止[2]。试验结果表明，多数区组的ABT处理与清水处理的效果差异显著；插后第7天，元江和墨江试验地清水处理的一级枝的地上部水分含量分别降到85.1%和68.9%，特别是元江点的一级枝有明显的黄化和干枯现象；而ABT处理的插条的水分供应相对比较正常。这可能是由于ABT中的激素从基部向上运输到插条的其他部位，提高了膜系统的稳定性，从而减缓插条组织含水量的下降速度[4-6]。然而，对于酒竹幼嫩组织而言（一年生茎秆和当年生一级枝），虽然其分生组织旺盛（一级粗壮枝更可在环境优越的情况下萌发气生根），内源激素含量较高，但可能对外源激素和环境湿度较敏感而造成ABT效果甚微，甚至产生相反的结果。同时，埋秆和扦插幼嫩组织和构件中过高的含水量反而会令生根率降低，这类构件不适应元江和墨江的强蒸腾的气候特点。故埋秆和扦插育苗应在新根、新芽、新笋即将萌发时进行，即雨季开始之时，此时气温上扬，雨水充沛，栽后容易成活。根据墨江的气候特点，在5月上、中旬的雨后或阴雨天进行埋秆和扦插最为合适。虽然元江试验地埋秆和扦插可以成功，但此地日照强度大、日照时间长、长期高温高蒸腾、降水量少的气候特点抑制了扦插床菌类繁殖，同时也导致了生根率和移栽成活率低。

扦插成活后移栽的酒竹幼株和三年生植株分别见图13-4和图13-5。

图13-4　幼株　　　　　　　　　　图13-5　三年生植株

13.2 压条育苗与带箨埋秆育苗技术研究

为了解决大面积造林时存在的种源不足、成活率低、工效低、成本高等问题，在实际操作中，通常使用压条育苗与带箨埋秆育苗技术。

压条育苗是一种古老的植物无性繁殖方法，历史悠久，北魏《齐民要术》和元初《士农必用》中就有记载，明末蚕农常用此法繁殖桑树苗。竹类植物的压条繁殖，即将竹丛母竹的茎秆于节部用泥土等物包裹，或压入土中，或覆盖土层，待不定根形成后再将带有不定根的节部与母竹分离，形成一株独立的新植株。竹类植物的压条育苗可分为高压包枝育苗和低压堆土育苗。其中，高压包枝育苗即用配制好的湿润土壤包裹竹秆节部；低压堆土育苗即将竹秆弯曲至水平面，或在土壤层开沟，将竹秆埋于沟中，并在其上覆盖土层。

带箨埋秆育苗与低压堆土育苗方法类似。

13.2.1 高压包枝育苗

1. 材料与方法

于云南墨江土地塘种植基地进行试验。6—9月，酒竹主枝生长成熟，茎秆具有一定的机械强度和韧性，以节部有部分次生小枝长出时为宜。配制基质：以红泥土50%＋含腐殖质的表层黑土20%＋黄心土30%为对照配方；以红泥土30%＋含腐殖质的表层黑土30%＋黄心土30%（加青苔保湿）＋椰糠10%为优化配方。用清水均匀搅拌，随拌随用。选枝：以一或二年生母竹上当年萌发的成熟健壮主枝最佳，茎秆胸径2～5cm。用枝剪剪去枝条基部的小枝，剥掉基部笋箨和秆箨，不伤基部组织。包扎：用事先配制好的基质泥均匀贴紧主枝的基部，勿留空隙，并视基部大小而确定基质泥团的用量，要求基质泥包住基部四周的平均厚度不小于1.5cm。然后用一块30cm×30cm的塑料薄膜包紧基质泥团，再用绳扎紧泥团两头，防止水分蒸发，保持泥团湿润（见图13-6）。较高处的枝条需由高空作业人员进行包扎。控制包枝节点数为可被包枝的总节点数的50%左右，且茎秆没有明显的弯曲下垂迹象。每丛一年生∶二年生∶三年生竹秆的保留数量比例为1∶1∶1。每丛竹丛需留2～3秆健康苗壮的立竹为高压育苗的该母竹竹丛提供营养生长的需要。

图 13-6　高压包枝示意图

2. 结果与分析

　　高压包枝用对照配方作基质时，6—8月的生根率都较高（见表13-3），均在80%左右；但9月的生根率下降，为76.0%±5.7%；9月的移栽成活率也显著下降（$p<0.05$），为81.1%±1.7%；而7月的移栽成活率最高，为90.4%±2.4%。用优化配方作基质时，8月的生根率最高（89.1%±0.3%），与其他月份的生根率有显著差异（$p<0.05$），与对照配方亦有显著差异（$p<0.05$）；

7月次之，为85.6%±1.8%；6月与9月则较低；6—9月的移栽成活率差异不显著，普遍较高；6月的移栽成活率最高，为91.4%±3.8%。两种基质配方的生根率和移栽成活率差异显著性不同。本试验表明，在7—8月使用优化配方进行高压包枝试验，可以保证其较高的生根率和移栽成活率。同时，不同试验期的湿度对生根率和移栽成活率影响较大。墨江6—9月的月均降水量在200mm以上，10月降水量明显下降，为137mm；同时，9—10月竹类植物的萌发能力基本停止，故9月生根率的下降与生物自身的生长节律相关。

表13-3 不同基质配方的高压包枝育苗技术比较

试验地	试验方法	基质材料与处理	试验时间	参数	
				生根率/%	移栽成活率/%
墨江	高压包枝	红泥土50%＋含腐殖质的表层黑土20%＋黄心土30%	6月	81.3±4.7[ab]	89.3±3.5[b]
			7月	79.5±4.5[ab]	90.4±2.4[b]
			8月	82.7±1.8[ab]	84.5±5.7[ab]
			9月	76.0±5.7[a]	81.1±1.7[a]
墨江	高压包枝	红泥土30%＋含腐殖质的表层黑土30%＋黄心土30%（加青苔保湿）＋椰糠10%	6月	82.3±1.0[ab]	91.4±3.8[b]
			7月	85.6±1.8[b]	89.4±4.9[b]
			8月	89.1±0.3[c]	86.1±3.8[b]
			9月	83.9±2.4[ab]	88.4±3.2[b]

注：相同字母表示差异不显著（$p>0.05$）；不同字母表示差异显著（$p<0.05$）

3. 建议

①包枝时间适宜。酒竹高压包枝工作宜在6月上旬至8月上旬，即其幼竹高生长初期至末期这一时间段内进行。主枝生长须成熟，6—8月气温高，湿度大，高压包枝易生根，且根系发达，移栽成活率高。9月中旬应该结束高压包枝的工作。若进入冬季，气温下降，酒竹停止萌发新笋和新枝，此时空气湿度下降，气候干燥，水分不足，不宜进行高压包枝工作。

②基质配制得当。不定根的萌发、生长和发育需要一定的湿度和良好的通气条件。良好的生根基质可为母竹提供充足的营养物质，尤其是在开始生根阶段，松软土壤和锯屑混合物、泥炭、苔藓都是理想的生根基质。基质提供疏松、湿润和黑暗的环境，诱导发根，提高成活率。如包枝基质腐熟带菌，则会导致竹枝基部软组织发黑腐烂。透水性不良和黏性较大的基质易板结，

不利新生根系生长与发育，即使能长出新根亦较细弱，不能越冬。在阳光充沛、林内小气候较好的酒竹林中，高压包枝一般在20天左右开始萌发新根，生根率较高；而生长在荫蔽生境的母竹则需2~3个月才能发根，有些生境下需要更长的时间。

③当年包枝且当年发根的枝条不需假植，可让其在母竹上自然生长到明年春天再移栽。如果在同一母竹竹丛上不同茎秆包扎的主枝发根时间不一致，待到种植季节时，可用小锯和利器将早发根的茎秆与母竹竹丛相连的部位割下，即可移栽。此方法可让仍未生根的茎秆继续汲取母竹竹丛的营养，从而达到生根的目的。

④利用竹类植物生长的顶端优势。待当年萌发的新秆长至5m高以上时进行钩梢打顶，留2~3m即可，这样可使营养物质优先供应给繁殖器官，从而加速酒竹主枝萌发及快速生长。通过钩梢打顶处理的酒竹茎秆的自然发枝量比未钩梢打顶处理的茎秆多3~5倍，且有些茎秆当年即可进行高压包枝育苗，生根率较高，有效增加育苗量。

13.2.2　低压堆土育苗

1. 材料与方法

于云南墨江苦竹梁子种植基地进行试验。选择酒竹竹丛边缘一或二年生的隐芽饱满、分枝高度较低、无病虫害的健壮母竹；弯曲茎秆使之尽量靠近地面，然后将茎秆梢部用木桩捆绑并固定在地面，使其不能反弹；修剪过长的枝叶，每节留1~2支。设置对照样本，即不进行物理切口处理；设置物理处理样本，即进行物理切口处理：确定茎秆弯曲方向之后，在弯曲方向相同的一侧，于茎秆节间用细齿锯在节间（第3~12节）锯1个切口，深度为节间直径的1/2左右。于茎秆之上覆表层土10~15cm厚，施透水，再于覆盖土壤之上盖一层草，或在离覆盖土壤层20~30cm处设置遮阴网，以保持土壤湿润。

2. 结果与分析

如表13-4所示，无切口低压堆土处理酒竹，6月和9月的生根率分别为81.2%±3.5%和80.2%±4.9%，而7月和8月的生根率分别为86.3%±2.2%和87.6%±1.7%，8月与其他3个月份的生根率均有显著差异（$p < 0.05$）。而无切口处理的移栽成活率6月最高，为90.4%±1.7%，9月最低，为85.6%±3.2%，

两者差异显著（$p < 0.05$）。

表13-4　不同物理处理的低压堆土育苗技术比较

试验地	试验方法	基质材料与处理	试验时间	参数	
				生根率/%	移栽成活率/%
墨江	低压堆土	无切口	6月	81.2 ± 3.5^a	90.4 ± 1.7^b
			7月	86.3 ± 2.2^{ab}	88.1 ± 1.5^{ab}
			8月	87.6 ± 1.7^b	89.1 ± 3.6^{ab}
			9月	80.2 ± 4.9^a	85.6 ± 3.2^a
		有切口	6月	88.5 ± 1.2^b	92.5 ± 2.9^b
			7月	90.0 ± 1.1^b	91.7 ± 2.5^b
			8月	88.6 ± 0.9^b	89.2 ± 1.8^{ab}
			9月	83.5 ± 2.1^a	86.5 ± 3.7^a

注：相同字母表示差异不显著（$p > 0.05$）；不同字母表示差异显著（$p < 0.05$）

6—8月，有切口低压堆土处理的生根率差异不显著（$p > 0.05$），生根率为88.5%±1.2%～90.0%±1.1%；9月降到最低，为83.5%±2.1%，与6月、7月和8月均有显著差异（$p < 0.05$）。有切口处理的移栽成活率以6月和7月最高，分别为92.5%±2.9%和91.7%±2.5%；9月的生根率最低，与6月和7月的生根率有显著差异（$p < 0.05$）。

两种处理的生根率都表现为9月最低，说明其生根率应该与空气湿度无关；墨江雨季（特别是6—8月）的降水量明显比旱季的降水量多，而9月开始下降，但下降幅度并不大。故与高空包枝类似，其生根率和移栽成活率与生长发育节律相关。

3. 建议

①酒竹的根系和茎秆分蘖性强，枝条较坚硬，其丛生状的地上茎秆部分适合向四周弯曲低压堆土。低压堆土育苗一般在6—8月酒竹生长发育旺盛阶段和雨量充沛时期进行，尽量使育苗用的茎秆靠近地面并充实茎秆下方的土壤层，使新萌发的根系有基质可依附和及时汲取外部营养；同时，令覆盖土壤保持湿润，待茎秆充分生根后至翌年5—6月萌芽以前，刨开土堆，将独立新植株自茎秆切口处割离母竹，分株移栽。

②在茎秆进行切口的物理处理方法可以提高生根率，此举是为了中断来自叶和枝条上端的有机物（如糖、生长素）和其他物质向下输导，使这些物质积聚在物理处理的上部，供生根时利用。选择茎秆弯曲方向相同一侧进行物理处理是为了使茎秆不会因为切口而断裂。此方法简单，繁殖速度快，成苗时间短，产生的新个体能完全保留母体的优良性状，待茎秆节部长出新根后于茎秆节间切断移栽而成为新植株。

13.2.3　带箨埋秆育苗

1. 材料与方法

于云南墨江苦竹梁子种植基地进行试验。选择酒竹竹丛边缘一或二年生的隐芽饱满、分枝低、无病虫害的健壮母竹，于基部母竹秆柄与秆连接点（竹秆基部"螺丝钉"）用利刀砍断，保持竹箨与萌芽眼的完整，连箨挖起母竹，带宿土，去梢，保留10～16节，每节留1～2支。设置对照样本，即不进行物理切口处理；设置物理处理样本，即进行物理切口处理：在茎秆上用细齿锯在每个节间锯1个切口，深度为节间直径的1/2，然后将母竹移入育苗沟中，育苗沟的深度以能放置母竹箨部1/2～2/3、茎秆部入沟5cm为宜，节间切口向下，茎秆上的节芽向两侧，平置于沟中，覆土，淋透水，箨部覆土稍厚（厚10～15cm），将土压紧但注意不要伤芽，秆部盖土稍薄（厚5cm），最后于覆盖土壤之上盖一层草或离覆盖土壤层20～30cm处设置遮阴网，以保持土壤湿润。

2. 结果与分析

无切口带箨埋秆育苗的生根率以8月最高，为87.5%±1.1%（见表13-5）；7月次之，为85.2%±2.4%；9月最低，为78.4%±3.9%；8月的生根率与9月的生根率有差异显著（$p<0.05$）。有切口带箨埋秆育苗的平均生根率从6月到8月逐月增加，9月降到最低，80.8%±2.6%，这与无切口处理的情况相同；6月、7月、8月的生根率与9月的生根率之间都存在显著差异（$p<0.05$），且这3个月的生根率与无切口处理的6月、7月和9月的生根率都有显著差异（$p<0.05$）；相同月份有切口处理的生根率比无切口处理的生根率高。

表13-5　不同物理处理的带篼埋秆育苗技术比较

试验地	试验方法	基质材料与处理	试验时间	参数	
				生根率/%	移栽成活率/%
墨江	带篼埋秆	无切口	6月	83.0±3.7[ab]	90.5±1.2[a]
			7月	85.2±2.4[ab]	88.5±1.8[a]
			8月	87.5±1.1[bc]	94.7±1.9[b]
			9月	78.4±3.9[a]	90.1±0.3[a]
		有切口	6月	87.7±1.8[c]	90.2±0.6[a]
			7月	88.1±0.5[c]	93.7±1.4[b]
			8月	90.0±0.8[d]	92.3±0.9[b]
			9月	80.8±2.6[a]	89.4±2.2[a]

注：相同字母表示差异不显著（$p>0.05$）；不同字母表示差异显著（$p<0.05$）

无切口带篼埋秆育苗的移栽成活率在8月最高，为94.7%±1.9%，与其他3个月的移栽成活率有显著差异（$p<0.05$）。有切口带篼埋秆育苗的移栽成活率以7月和8月最高，与6月和9月的移栽成活率差异显著（$p<0.05$）。与高压包枝、低压堆土两种育苗方法相同，酒竹带篼埋秆的生根率和移栽成活率均是9月最低。

3. 建议

①带篼埋秆时，篼部要多覆土，如果有条件，可以使用腐殖质土或者营养土，防止在施水时篼部露出土面；同时注意给篼部覆土浇水时，不要浇太多，以其育苗沟上的基质可以捏成团而不散为宜。湿度太高容易导致扦插枝条或者埋的秆腐烂、发霉或者长菌。同时每20～30天喷洒一次1‰的多菌灵。

②带篼埋秆时，每节剩余的1～2支上极易萌发出新芽，10天后，这些新芽逐渐生长成新的次生枝条，这些枝条的生长发育将争夺生根及新生根系生长发育所需的营养，因此，需要在次生枝条出现时进行修剪，每节保持1～2支。

③适时适地进行酒竹的带篼埋秆作业，其平均生根率和移栽成活率较高，一般30～50天即可生根。我们建议，如果在云南等西南山地造林，可在6—8月就地整地并用此方法育苗，在第2年5—6月移栽。

参考文献

[1] 周芳纯. 竹林培育学. 北京:中国林业出版社，1998.

[2] 邹宽生，丛生竹带篼埋秆育苗技术. 贵州农业科学，2005，33(4): 87-88.

[3] 邵玲，李玲，梁广坚. S_{3307} 与生根粉混合施用对云南甜竹插条中水分含量、光合产物分配和生根的影响. 植物生理学通讯，2003，39(3): 219-221.

[4] 刘昊，宋晓波，周乃富，等. 吲哚丁酸对核桃嫩枝扦插生根及内源激素变化的影响. 浙江农林大学学报，2017，34(6): 1038-1043.

[5] MATTE E. Hormonnal regulation of transport: Data and prespectives in plant growth substances. Beijing: Academic Press, 1982, 407-417.

[6] WANG Z, MA L Y, JIA Z K, et al. Interactive effects of irrigation and exponential fertilization on nutritional characteristics in *Populus × euramericana* cv. '74/76' cuttings in an open-air nursery in Beijing, China. Journal of forest research, 2016, 27(3): 569-582.

附　录

一、酒竹栽培技术

1. 范围

本技术适用于酒竹［*Oxytenanthera abyssinica* (A. Rich.) Munro］的育苗与栽培，包含酒竹的适生区条件、竹苗培育、栽培、抚育、主要病虫害防治和档案建立与管理的技术要求。

2. 规范性引用文件

下列文件对于本技术的应用是必不可少的。凡是注日期的引用文件，仅所注日期的版本适用于本技术。凡是不注日期的引用文件，其最新版本（包括所有的修改单）适用于本技术。

《农业植物调运检疫规程（GB 15569–2009）》

《造林技术规程（GB/T 15776–2016）》

《毛竹林丰产技术（GB/T 20391–2006）》

《速生丰产林检验方法（LY/T 1078–1992）》

《造林作业设计规程（LY/T 1607–2003）》

《森林植物检疫技术规程（林护通字〔1998〕43号）》

3. 术语和定义

3.1　酒竹（wine bamboo）

属禾本科（Gramineae）竹亚科（Bambusoideae）锐药竹属（*Oxytenanthera*），是非洲原生特有种。酒竹新竹秆在砍梢后流出的伤流液营养丰富，经自然发酵可制成含酒精的饮品。

3.2　高空压条（air layering）

将酒竹的枝节包埋于湿润的基质中，待其生根后与母竹割离，形成新植株的方法。

4. 适生区条件

海南、广东南岭以南、云南南部、广西南部和贵州南部。年平均温度18～31℃，最低温度−1.0℃。旱季明显的区域全年降水量1000mm以上。5—10月出笋季节与当地降水季节相符最佳。

5. 立地条件

5.1　土壤

土层厚度40cm以上，疏松、肥沃、湿润且排水良好的壤土或冲积土。pH值5.0～6.5。

5.2　地形

海拔1800m以下，宜种植于交通方便、靠近水源、背风向阳的平地、坡地、河谷盆地、山谷、山麓及山腰。寒流通道及冷空气易沉积的低洼地和谷底不宜种植。

5.3　坡度

坡度20°以下。

5.4　坡向

阳坡或半阳坡。

6. 育苗

6.1　圃地选择

酒竹的育苗圃地要求土层厚度60cm以上的壤土或砂壤土，pH值5.0～6.5，排灌条件良好，肥力中等，土壤疏松、结构良好；地形平坦或坡度在8°以下的均匀坡地。育苗圃地靠近造林地且交通方便。

6.2　整地作床

育苗圃地于初冬时节进行深翻，去除石块、草、树根等杂物，同时施入经充分腐熟的厩肥、堆肥（20～30t/hm²）或沤熟的饼肥（5～8t/hm²），并施用钙镁磷肥或过磷酸钙（5～8t/hm²）。翌年4月育苗季节前，结合施基肥撒施一定量的代森锌粉剂（300～600kg/hm²），对土壤进行消毒，再翻耕一次，碎土耙平，然后作苗床。苗床宽（含步道）1.5～2.0m，高30cm，长度随地形而定。在5°～8°的坡地育苗时，不作苗床。

6.3 母竹挖取

以酒竹丛边缘萌发的大小适中的竹秆作为取材对象。选定母竹后，从酒竹丛外围挖掘土壤，不应损伤笋芽，在靠近酒竹丛的一侧切断母竹秆柄和酒竹丛的连接点，保护笋芽，带箨掘起。

6.4 育苗季节

在5月下旬至8月上旬进行。5月下旬可进行分箨、埋秆、扦插和高压育苗，6月上旬至8月上旬亦可进行扦插和高压育苗。

6.5 育苗方法

6.5.1 母竹分箨

要求母竹一或二年生，胸径3～6cm，竹秆及其根箨完整、无破损，笋芽与秆芽饱满，无病虫害。

母竹箨围20～30cm，竹秆保留3～5个竹节，去梢的切口横断面用保鲜膜封好，防止病虫害侵入和失水。将竹箨放到挖好的坑穴（50cm×50cm×50cm）中央，竹秆直立，分层覆土填实，用细土覆盖压实，穴壅成馒头形。栽好后立即用水浇灌，将穴中土壤湿透，并用稻草或薄膜覆盖。

6.5.2 母竹埋秆

母竹要求同条款6.5.1。

母竹箨围30～50cm，竹秆保留8～12个竹节，顶端留2～3盘枝。先在母竹各节间锯一深度为秆径1/2～3/4的切口，再将其平卧于作好的25cm深的苗床沟内，秆柄向下，秆芽向两侧，节芽向两侧，切口向上。竹箨和秆基覆土厚10～15cm，竹秆覆土厚6～10cm，用细土覆盖并压实，再在上面覆松散细土。

6.5.3 茎秆扦插

要求一或二年生，胸径2～6cm，竹秆无破损，节上的芽健康，无病虫害。

从茎秆基部向上数，以第4～12节作为扦插材料，每根扦插材料具备1～2个健康的竹节，用稀释1000倍多菌灵对苗床进行消毒，待消毒液透过苗床土壤再扦插。扦插深度为插穗长的1/3～1/2，扦插时与地面成75°～80°，露出土面的用保鲜膜封包和水的泥，用细棉线绑紧，扦插后压实扦插枝四周土壤，扦插结束后浇1次透水。

6.5.4 高压育苗

温暖和湿润的地区采用高空压条方法育苗。

配制基质：红泥土30%＋含腐殖质的表层黑土30%＋黄心土30%（加青苔保湿）＋木屑或椰糠10%，用清水均匀搅拌成泥团，随拌随用。

选枝：茎秆胸径2～5cm，秆上具健壮主枝。

包扎：用配好的基质泥均匀贴紧主枝与竹节的基部，要求基质泥包住基部四周的平均厚度不小于1.5cm，然后用塑料薄膜包紧基质泥团，保持泥团湿润。适当控制高压包扎节点数，不超过可被包扎的总节点数的50%。每丛一年生∶二年生∶三年生竹秆的保留数量比例为1∶1∶1。

取苗：90天后，若有不定根出现时，将整根竹秆从基部锯倒，再分别在每个包扎竹节基部连同包扎基质锯下，截断的茎秆保留1～2节，并及时用保鲜膜封好。

6.5.5 育苗密度和配置方式

酒竹母竹分篼育苗植株行距3.0m×3.0m。分篼埋秆行距3.0m×3.0m。扦插育苗的株行距1.0m×1.0m。育苗点采用"品"字形排列的方式配置。

6.5.6 浇水和覆盖

分篼埋秆育苗后，立即用清洁水浇灌，将栽植穴中土壤湿透，并用稻草或地膜覆盖；扦插苗苗床搭高40～50cm的半圆拱棚，用塑料薄膜覆盖，增加苗床温度和湿度，土壤保持湿润；高空压条育苗保湿即可。

6.6 苗期管理

6.6.1 保湿和除草

整个育苗期保持圃地土壤湿润，以手捏成团无水痕为准，并防止渍水。苗床经常除草，注意除草时不要伤及幼苗、蘖苗、嫩笋或松动根部。雨后、浇水或追肥后适当松土，除草松土时培土壅篼。

6.6.2 施肥

7月上旬施入清粪水，8月下旬在施入清粪水的同时加入0.3%～0.5%尿素，9月底施入少量氯化钾和过磷酸钙。

6.6.3 病虫害防治

酒竹虫害主要有长足大象虫、竹织叶野螟、蚜虫和黄脊竹蝗；病害主要有竹秆锈病、竹煤污病等。防治方法参见附表1。

附表1 主要有害生物常用防治方法

序号	有害生物	防 治 方 法
1	竹煤污病	1. 由蚧壳虫、蚜虫诱发引起，及时防治虫害。 2. 控制竹林密度，通风透光，降低湿度。 3. 适当砍伐病株，防止病害蔓延。 4. 用25%三唑酮600～800倍液喷雾防治。
2	竹秆锈病 (*Stereostratum corticioides*)	1. 控制竹林密度，通风透光，降低湿度。 2. 竹林中一旦发现个别病株，及早砍伐，并集中烧毁，以免蔓延。 3. 5—6月，用粉锈宁250～500倍液2250mL/hm²喷洒竹秆。
3	竹笋夜蛾 (*Oligia vulgaris*)	1. 加强林地抚育管理。4—5月及时清理林间虫笋、退笋，减少翌年幼虫虫口密度；7—8月结合林地除草、松土和施肥等，消灭杂草中越冬卵。 2. 灯光诱杀成虫。 3. 出笋期用1.8%阿维菌素乳油1000倍液或1.2%苦参碱乳油500倍液地面喷雾。
4	竹蝗 (*Ceracris* spp.)	1. 冬季垦复，破坏土茧的越冬场所。 2. 疫情发生时，用乙酰甲胺磷对全林所有竹株进行竹腔注射。 3. 用3%敌百虫粉30～45kg/hm²喷粉防治。 4. 人尿诱杀。
5	蚜虫	1. 加强母竹检疫，保护天敌瓢虫。 2. 及时清除被害竹叶，集中烧毁。 3. 用乙酰甲胺磷注秆，每秆5mL。
6	竹织叶野螟 (*Algedonia coclesalis*)	1. 冬季垦复，破坏土茧的越冬场所。 2. 6月成虫高峰时期灯光诱杀或蜜源地天蛾；成虫卵期林中施放赤眼蜂。 3. 幼虫期林间喷苏芸金杆菌或白僵菌，或用乙酰甲胺磷对所有竹株进行竹腔注射。
7	笋横锥大象 (*Cyrtotrachelus buqueti*)	1. 冬季培土施肥，深翻土壤深度20～25cm，破坏笋横锥大象越冬场所，消灭越冬虫源。 2. 套袋避虫。将长80cm、宽30cm的编织袋套在没有虫孔的笋子上，保护笋尖上部30～50cm处，以防横锥大象成虫在上面产卵。 3. 化学防治。选用5%氟虫腈SC2000倍液或20%三唑EC600倍液涂刷竹笋，不同农药要交替使用。注意：化学防治只能用于留作母竹的笋子，严禁用于食用的笋子，以确保食品安全。

6.6.4 苗木检疫调运

苗木检疫严格按《森林植物检疫技术规程》的有关规定执行。母竹调运严格按《农业植物调运检疫规程（GB 15569–2009）》执行。

7. 造林

7.1 造林规划设计

造林规划及作业设计按照《造林技术规程（GB/T 15776–2016）》《造林作业设计规程（LY/T 1607–2003）》执行。

7.2 立地级划分

7.2.1 Ⅰ立地级划分

光照充足、水源良好的平地、坡缘、溪沟河流两岸、宅旁及丘陵、山区低台地，土壤疏松、湿润、肥沃、有机质丰富，土层厚度≥80cm。

7.2.2 Ⅱ立地级划分

光照较充足、水源良好的平地坡缘及缓坡、低山及丘陵一二级台地、河流两岸及四旁地段，土壤疏松、湿润、肥力中等、有机质含量较高，土层厚度≥60cm。

7.2.3 Ⅲ立地级划分

光照较好、水源有保障的丘陵及低山缓坡地带，土壤较疏松、肥力中等，土层厚度≥40cm。

7.3 造林前准备

7.3.1 林地清理

造林前6～7个月，砍倒、归垄或清除造林地的灌木和杂草，树桩高度≤10cm，保留胸径≥10cm的乔木。杂灌多的山地，以带状清理为主，按设计的行距沿山体等高线将杂物归行，清理出宽1.5～3.0m的无草带。

7.3.2 整地

整地方式参照《毛竹林丰产技术（GB/T 20391–2006）》。全垦整地，坡度<20°，整地深度为30～50cm；带状垦复整地，坡度20°～25°，带宽和带距3～5m；穴状整地，穴坑大小见7.3.3。整地宜在冬季进行，但对于土壤疏松、肥沃和冬干春旱严重的地方，随挖随栽。

7.3.3 挖穴

Ⅰ、Ⅱ立地级造林栽植穴规格为60cm×60cm×50cm；Ⅲ立地级造林栽植穴规格为60cm×60cm×30cm。挖穴时表土、心土分置于穴的两侧。

7.4 栽植

7.4.1 栽植时间

旱季、雨季明显和春旱严重的地区，在雨季初期种植。其他地区春季造林。

7.4.2 栽植材料

采用母竹分篼和埋秆、扦插、高压培育的酒竹苗进行造林。除茎秆高压育苗以外，酒竹苗要求出圃的竹龄为一或二年生，新生茎秆基径≥0.8cm，带篼直径≥15cm，保留5～8个竹节，秆基、竹秆无破损，无明显失水，无病虫害。

7.4.3 栽植方式

栽植前穴底先填厩肥或农家肥3～5kg作为基肥，后覆表土2～3cm厚，再把母竹斜放穴内，斜放角度为30°～45°，笋芽在穴的两侧。分层覆土压实。覆土后保留1～2个竹节。栽植后浇足水，用稻草和（或）地膜覆盖。

7.4.4 栽植密度

Ⅰ、Ⅱ级立地，株行距为5m×5m 或4m×4m；Ⅲ级立地，株行距为3m×3m。

8. 幼林抚育

8.1 补植

造林5个月后进行造林成效调查，造林成活率低于85%或斑块状死亡的，适时补植。翌年选择健壮竹丛补植，栽植方法同7.4。

8.2 除草松土

造林后3～5个月开始除草松土；翌年开始每年除草松土2次，分别在5—6月和8—9月。深度15～20cm。除草松土时不损伤竹篼和笋芽。杂草铺于地面或翻埋于土中。

8.3 施肥

幼林期每年施肥一两次，与除草松土同时进行。采用环状沟施，年施肥量为尿素0.3～0.5kg/丛，复合肥0.3～1kg/丛，饼肥0.6～1kg/丛或厩肥、农家肥15～30t/hm²。并对竹丛进行培土，厚5～10cm。

8.4 新竹留养

遵循"稀、壮、远"原则，即疏笋养竹、留大挖小、留远挖近，选留均匀健壮笋作母竹，每丛母竹留新竹2～3秆，增加林地立竹量。

8.5 水分管理

当久旱不雨、土壤水分不足时，及时浇水；当久雨不晴、林地积水时，及时挖沟排涝。

8.6 竹林保护

造林后的1～3年，严格禁止在新造竹林中放牧。尤其是在出笋期，防止人、家畜践踏。及时防治有害生物危害。主要有害生物的常用防治方法参见附表1。

9. 成林培育

9.1 密度控制

密度保持400～650丛/hm^2，保留12～20秆/丛，依据立地条件进行调整，立地条件好、竹秆较细的林分密度可适当提高。平均立竹的胸径达到3～8cm。

9.2 留笋养竹

在出笋盛期，均匀留养生长健壮的竹笋，每丛留养新竹4～6支。挖除不符合留养要求的笋，在其出土15～20cm时，及时采挖利用。

9.3 施肥

每年新竹抽枝展叶后，施肥1次，采用环状沟施尿素100～200kg/hm^{2}和钙镁磷肥300～500kg/hm^2，同时结合除草或垦复深翻入土。提倡施用农家肥，具体用量根据立地条件确定，建议施15～30t/hm^2。

9.4 合理采伐

采伐四年生及以上竹株，以及病、残、弱竹株，保持采伐后竹林的立竹均匀分布。采伐季节以秋冬季为主，以每年10月至翌年2月为宜，出笋期不宜采伐，采伐量不超过生长量。按采伐后丰产竹林的年龄、立竹密度确定采伐强度和数量。

9.5 年龄结构

采伐后保持一年生、二年生、三年生竹比例各占1/3。

9.6　林地管理

9.6.1　除草

根据杂草生长情况，适时除草松土，将杂草铺于地面或翻埋土中。

9.6.2　垦复

每3～5年进行1次深翻垦复，10—12月进行，深度20～25cm。清除林内蔓藤和灌木，挖除伐桩和五年生以上的老竹篼。对高出地面的竹丛台面进行覆土，覆土高出竹丛台面5～10cm。

9.7　有害生物防控

贯彻预防为主、综合治理的方针。对竹蝗、竹螟等危害性大的有害生物要做好预测预报，及早防治并做好检疫工作，防止蔓延扩散。主要有害生物的常用防治方法参见附表1。

10. 检查验收、建档

10.1　检查内容与验收方式

按《造林技术规程（GB/T 15776–2016）》的有关规定执行。

10.2　验收指标

10.2.1　成活率和保存率

当年造林成活率90%以上；第4年保存率达85%以上。

10.2.2　生长要求

竹秆平均胸径3cm以上，平均株高4m以上。

10.3　技术档案

将造林规划、施工设计、经营方案、小班调查记录、小班作业设计、造林设计图、每次作业内容、检查验收报告等资料归档。文字、图表、照片要准确、清晰、整洁。有关检查验收表格参照《速生丰产林检验方法（LY/T 1078–1992）》。

二、一种酒竹鲜竹汁的生产方法

权利要求书

1. 一种酒竹鲜竹汁的生产方法，其特征在于包括以下步骤：

①选用立秆健康、新鲜、无霉变、无虫、二或三年生的酒竹秆，接入采集器，在傍晚采集伤流液。

②每天早晨将采集的伤流液收集到消毒杀菌的配料罐中充分混合，在温度30～35℃下自然发酵2～5天。

③按发酵伤流液60～70份（质量比，下同）、中药提取液20～30份、水10～20份、复合糖6～8份、复合酸0.2～0.3份、复合稳定剂0.1～0.5份、复合抗氧剂0.1～0.5份称取各原料，在发酵伤流液中依次加入称取的中药提取液、稳定剂、复合糖、复合酸、复合抗氧剂和水，混匀。

④常压常温下，对步骤③得到的酒竹汁进行均质处理，控制均质速度在2500～3000r/min，均质3～5min，得到均质混合酒竹汁。

⑤用竹炭过滤器对步骤④得到的酒竹汁进行过滤处理。

⑥用脱气机对步骤⑤得到的酒竹汁进行真空脱气处理。

⑦对步骤⑥得到的酒竹汁进行超巴氏杀菌处理。

⑧灌装、封盖。

2. 如权利要求1所述的一种酒竹鲜竹汁的生产方法，其特征在于步骤②中在温度32～34℃下自然发酵3～4天。

3. 如权利要求1所述的一种酒竹鲜竹汁的生产方法，其特征在于步骤③中中药提取液通过以下步骤制得：

①按槐花10～30份、黄柏20～40份、决明子10～20份、夏枯草10～30份、川芎10～30份、生地10～30份、百合10～20份和石韦10～30份称取各原料。

②将称取的槐花、黄柏、决明子、夏枯草、川芎、生地、百合和石韦用冷水浸泡过夜，再加入原料质量15倍的纯化水，水浴至90℃并保持在90℃，熬制2h，熬制过程中每10min搅拌一次，得到中药提取液。

4. 如权利要求1所述的一种酒竹鲜竹汁的生产方法，其特征在于步骤③

中的复合糖由乳糖、葡糖糖和果糖组成，乳糖、葡糖糖和果糖的质量比为
2～4：2～4：1～2。

5. 如权利要求1所述的一种酒竹鲜竹汁的生产方法，其特征在于步骤③
中的复合酸由柠檬酸和乳酸组成，柠檬酸和乳酸的质量比为2～4：1～2。

6. 如权利要求1所述的一种酒竹鲜竹汁的生产方法，其特征在于步骤③
中的复合稳定剂由海藻酸钠和酪朊酸钠组成，海藻酸钠和酪朊酸钠的质量比
为3～5：2～4。

7. 如权利要求1所述的一种酒竹鲜竹汁的生产方法，其特征在于步骤③
中的复合抗氧剂由葡萄籽原花青素、茶多酚和竹叶黄酮组成，葡萄籽原花青
素、茶多酚和竹叶黄酮的质量比为3～5：2～4：1～2。

8. 如权利要求1所述的一种酒竹鲜竹汁的生产方法，其特征在于步骤⑥
中控制真空度为0.04～0.05MPa。

9. 如权利要求1所述的一种酒竹鲜竹汁的生产方法，其特征在于步骤⑦
中超巴氏杀菌处理条件为98℃杀菌8～15s。

说明书

一种酒竹鲜竹汁的生产方法。

技术领域

本发明属于食品加工技术领域，具体涉及一种酒竹鲜竹汁的生产方法。

背景技术

酒竹为竹亚科锐药竹属的一种丛生竹，秆高6～10m，实心，直径
4～9cm，节间长25～45cm。酒竹在主秆的顶梢被砍去后，从所砍伐伤口中以
伤流的形式分泌含酒精的天然发酵营养液。德国著名竹子专家Liese把酒竹的
这一独特性能喻为大自然给人类的恩赐。

调查发现，在酒竹原产地，酒竹是重要的经济竹种，当地大多数农户都
有栽种，栽培在河两岸、成小片林分或分散在农场中。其新竹秆在砍梢后的
几天就开始在砍梢伤口分泌出糖分含量较高的伤流液，并能持续15天。

目前，对伤流液的利用局限与当地农民酿酒，没有进行大规模的生产
利用。

发明内容

针对现有技术存在的问题，本发明的目的在于设计提供一种酒竹鲜竹汁的生产方法的技术方案。

所述的一种酒竹鲜竹汁的生产方法，其特征在于包括以下步骤：

1. 选用立秆健康、新鲜、无霉变、无虫、二或三年生的酒竹秆，接入采集器，在傍晚采集伤流液。

2. 每天早晨将采集的伤流液收集到消毒杀菌的配料罐中充分混合，在温度30～35℃下自然发酵2～5天。

3. 按发酵伤流液60～70份、中药提取液20～30份、水10～20份、复合糖6～8份、复合酸0.2～0.3份、复合稳定剂0.1～0.5份、复合抗氧剂0.1～0.5份称取各原料，在发酵伤流液中依次加入称取的中药提取液、稳定剂、复合糖、复合酸、复合抗氧剂和水，混匀。

4. 常压常温下，对步骤3得到的酒竹汁进行均质处理，控制均质速度在2500～3000r/min，均质3～5min，得到均质混合酒竹汁。

5. 用竹炭过滤器对步骤4得到的酒竹汁进行过滤处理。

6. 用脱气机对步骤5得到的酒竹汁进行真空脱气处理。

7. 对步骤6得到的酒竹汁进行超巴氏杀菌处理。

8. 灌装、封盖。

所述的一种酒竹鲜竹汁的生产方法，其特征在于步骤2中在温度32～34℃下自然发酵3～4天。

所述的一种酒竹鲜竹汁的生产方法，其特征在于步骤3中中药提取液通过以下步骤制得：

①按槐花10～30份、黄柏20～40份、决明子10～20份、夏枯草10～30份、川芎10～30份、生地10～30份、百合10～20份和石韦10～30份称取各原料。

②将称取的槐花、黄柏、决明子、夏枯草、川芎、生地、百合和石韦用冷水浸泡过夜，再加入原料质量15倍的纯化水，水浴至90℃并保持在90℃，熬制2h，熬制过程中每10min搅拌一次，得到中药提取液。

所述的一种酒竹鲜竹汁的生产方法，其特征在于步骤3中复合糖由乳糖、葡糖糖和果糖组成，乳糖、葡糖糖和果糖的质量比为2～4：2～4：1～2。

所述的一种酒竹鲜竹汁的生产方法，其特征在于步骤3中复合酸由柠檬酸和乳酸组成，柠檬酸和乳酸的质量比为2～4：1～2。

所述的一种酒竹鲜竹汁的生产方法，其特征在于步骤3中复合稳定剂由海藻酸钠和酪朊酸钠组成，海藻酸钠和酪朊酸钠的质量比为3～5：2～4。

所述的一种酒竹鲜竹汁的生产方法，其特征在于步骤3中复合抗氧剂由葡萄籽原花青素、茶多酚和竹叶黄酮组成，葡萄籽原花青素、茶多酚和竹叶黄酮的质量比为3～5：2～4：1～2。

所述的一种酒竹鲜竹汁的生产方法，其特征在于步骤6中控制真空度为0.04～0.05MPa。

所述的一种酒竹鲜竹汁的生产方法，其特征在于步骤7中超巴氏杀菌处理条件为98℃杀菌8～15s。

上述的一种酒竹鲜竹汁的生产方法，设计合理，将发酵伤流液和中药提取液进行混合，使两者达到相互促进的作用，有利于产品发挥清肠热、通便治痔、降血压的功效；添加合适量的复合糖和复合酸，使产品的口感更为纯正，更能被大众接受；添加合适量的复合稳定剂和抗氧剂，使得产品更易保存；通过各步骤的有机结合和条件的合理限定，有利于工厂化生产，使得产品质量更为稳定，保存时间更长。

具体实施方案

以下结合实施例来进一步说明本发明。

实施例1

1. 选用立秆健康、新鲜、无霉变、无虫、二或三年生的酒竹秆，接入采集器，在傍晚采集伤流液。

2. 每天早晨将采集的伤流液收集到消毒杀菌的配料罐中，充分混合，在温度32℃下自然发酵3天。

3. 按发酵伤流液65份、中药提取液25份、水15份、复合糖7份（由乳糖、葡糖糖和果糖按质量比3：3：2混合得到）、复合酸0.25份（由柠檬酸和乳酸按质量比3：2混合得到）、复合稳定剂0.3份（由海藻酸钠和酪朊酸钠按质量比4：3混合得到）、复合抗氧剂0.3份（由葡萄籽原花青素、茶多酚和竹叶黄酮按质量比4：3：2混合得到）称取各原料。在发酵伤流液中依次加入上述中药提取液、稳定剂、复合糖、复合酸、复合抗氧剂和水，混匀。

上述中药提取液通过以下步骤制得：

①按槐花20份、黄柏30份、决明子15份、夏枯草20份、川芎20份、生地20份、百合15份和石韦20份称取各原料。

②将上述槐花、黄柏、决明子、夏枯草、川芎、生地、百合和石韦用冷水浸泡过夜，再加入原料质量15倍的纯化水，水浴至90℃，并保持在90℃，熬制2h，熬制过程中每10min搅拌1次，得到中药提取液。

4. 常压常温下，对步骤3得到的酒竹汁进行均质处理，控制均质速度在3000r/min，均质4min，得到均质混合酒竹汁。

5. 对步骤4得到的酒竹汁采用竹炭过滤器（竹炭在400℃烧制而成，孔径0.8～1.0μm）进行过滤处理。

6. 对步骤5得到的酒竹汁用脱气机进真空脱气处理，控制真空度为0.045MPa。

7. 对步骤6得到的酒竹汁进行超巴氏杀菌处理，超巴氏杀菌处理条件为98℃杀菌10s。

8. 灌装、封盖。

实施例2

1. 选用立秆健康、新鲜、无霉变、无虫、二或三年生的酒竹秆，接入采集器，在傍晚采集伤流液。

2. 每天早晨将采集的伤流液收集到消毒杀菌的配料罐中，充分混合，在温度35℃下自然发酵2天。

3. 按发酵伤流液60份、中药提取液20份、水10份、复合糖6份（由乳糖、葡糖糖和果糖按质量比2:2:1混合得到）、复合酸0.2份（由柠檬酸和乳酸按质量比2:1混合得到）、复合稳定剂0.1份（由海藻酸钠和酪朊酸钠按质量比3:2混合得到）、复合抗氧剂0.1份（由葡萄籽原花青素、茶多酚和竹叶黄酮按质量比3:2:1混合得到）称取各原料。在发酵伤流液中依次加入上述中药提取液、稳定剂、复合糖、复合酸、复合抗氧剂和水，混匀。

上述中药提取液通过以下步骤制得：

①按槐花10份、黄柏20份、决明子10份、夏枯草10份、川芎10份、生地10份、百合10份和石韦10份称取各原料。

②将上述槐花、黄柏、决明子、夏枯草、川芎、生地、百合和石韦用冷

水浸泡过夜，再加入原料质量15倍的纯化水，水浴至90℃，并保持在90℃，熬制2h，熬制过程中每10min搅拌1次，得到中药提取液。

4. 常压常温下，对步骤3得到的酒竹汁进行均质处理，控制均质速度在2500r/min，均质4min，得到均质混合酒竹汁。

5. 对步骤4得到的酒竹汁采用竹炭过滤器（竹炭在400℃烧制而成，孔径0.8～1.0μm）进行过滤处理。

6. 对步骤5得到的酒竹汁用脱气机进真空脱气处理，控制真空度为0.04MPa。

7. 对步骤6得到的酒竹汁进行超巴氏杀菌处理，超巴氏杀菌处理条件为98℃杀菌8s。

8. 灌装、封盖。

实施例3

1. 选用立秆健康、新鲜、无霉变、无虫、二或三年生的酒竹秆，接入采集器，在傍晚采集伤流液。

2. 每天早晨将采集的伤流液收集到消毒杀菌的配料罐中，充分混合，在温度35℃下自然发酵2天。

3. 按发酵伤流液70份、中药提取液30份、水20份、复合糖8份（由乳糖、葡糖糖和果糖按质量比4∶4∶1混合得到）、复合酸0.3份（由柠檬酸和乳酸按质量比4∶1混合得到）、复合稳定剂0.5份（由海藻酸钠和酪朊酸钠按质量比5∶4混合得到）、复合抗氧剂0.5份（由葡萄籽原花青素、茶多酚和竹叶黄酮按质量比5∶4∶2混合得到）称取各原料。在发酵伤流液中依次加入上述中药提取液、稳定剂、复合糖、复合酸、复合抗氧剂和水，混匀。

上述中药提取液通过以下步骤制得：

①按槐花30份、黄柏40份、决明子20份、夏枯草30份、川芎30份、生地30份、百合20份和石韦30份称取各原料。

②将上述槐花、黄柏、决明子、夏枯草、川芎、生地、百合和石韦用冷水浸泡过夜，再加入原料质量15倍的纯化水，水浴至90℃，并保持在90℃，熬制2h，熬制过程中每10min搅拌1次，得到中药提取液。

4. 常压常温下，对步骤3得到的酒竹汁进行均质处理，控制均质速度在2500r/min，均质4min，得到均质混合酒竹汁。

5. 对步骤4得到的酒竹汁采用竹炭过滤器（竹炭在400℃烧制而成，孔径0.8～1.0μm）进行过滤处理。

6. 对步骤5得到的酒竹汁用脱气机进真空脱气处理，控制真空度为0.05MPa。

7. 对步骤6得到的酒竹汁进行超巴氏杀菌处理，超巴氏杀菌处理条件为98℃杀菌8s。

8. 灌装、封盖。

实施例1～3得到的酒竹鲜竹汁没有青竹味，口感好，具有清肠热、通便治痔、降血压的功效。肠热、便秘、痔病或高血压患者服用该酒竹鲜竹汁，每次30mL，每天2次，治愈率可达95%以上。

三、一种酒竹伤流液采集器及酒竹伤流液采集系统

权利要求书

1. 一种酒竹伤流液采集器，其特征在于包括中空管（203），所述的中空管（203）头端连接中空自攻螺纹锥形头（206），所述的中空管（203）尾端连接导管接头（201），所述的中空管（203）与中空自攻螺纹锥形头（206）的连接部设有密封垫（204），所述的中空自攻螺纹锥形头（206）上设有一组取液口（205）。

2. 如权利要求1所述的一种酒竹伤流液采集器，其特征在于所述的中空管（203）尾部设有电钻连接部（202）。

3. 如权利要求1所述的一种酒竹伤流液采集器，其特征在于所述的取液口（205）两两对称地设置在中空自攻螺纹锥形头（206）上。

4. 一种酒竹伤流液采集系统，其特征在于包括与酒竹（1）连接的酒竹伤流液采集器（2）、与酒竹伤流液采集器（2）连接的导管（3）及与导管（3）连接的收集容器（6），所述的酒竹伤流液采集器（2）包括中空管（203），所述的中空管（203）头端连接中空自攻螺纹锥形头（206），所述的中空管（203）尾端连接导管接头（201），所述的中空管（203）与中空自攻螺纹锥形头（206）的连接部设有密封垫（204），所述的中空自攻螺纹锥形头（206）上设有一组取液口（205）。

5. 如权利要求4所述的一种酒竹伤流液采集系统，其特征在于所述的导管（3）连接转接头（5），所述的转接头（5）连接收集容器（6）。

6. 如权利要求4所述的一种酒竹伤流液采集系统，其特征在于所述的导管（3）上设有曝气管（4）。

7. 如权利要求4所述的一种酒竹伤流液采集系统，其特征在于所述的中空管（203）尾部设有电钻连接部（202）。

8. 如权利要求4所述的一种酒竹伤流液采集系统，其特征在于所述的取液口（205）两两对称设置在中空自攻螺纹锥形头（206）上。

说明书

一种酒竹伤流液采集器及酒竹伤流液采集系统。

技术领域

本实用新型属于采集装置技术领域，具体涉及一种酒竹伤流液采集器及酒竹伤流液采集系统。

背景技术

酒竹为竹亚科锐药竹属的一种丛生竹，秆高6～10m，实心，直径4～9cm，节间长25～45cm，基部2～4节具疣基。酒竹能在主秆的顶梢被砍去后，从所砍伐伤口中以伤流的形式分泌出含酒精的天然发酵营养液。德国著名竹子专家Liese把酒竹的这一独特性能比喻为大自然给人类的恩赐。

调查发现，在酒竹原产地，酒竹是重要的经济竹种，当地大多数农户都有栽种，栽培在河两岸、成小片林分或分散在农场中。其新竹秆在砍梢后的几天就开始在砍梢伤口分泌出糖分含量较高的伤流液，并能持续15天。每丛竹子合计可产30kg酒，而且，在当地政府已经将这种自然发酵的液体当作能源物质进行利用开发，实行了资源保护。酒竹在新竹形成过程中，按每年每亩50丛竹子用于产酒计算，亩产酒量可达1500kg/年。这种竹子分泌的天然液体经2～3天的自然发酵，酒精度可达10度，味道纯正，清热止渴，强身健胃，是一种上等饮料，开发前景十分广阔。

目前，对酒竹伤流液的收集方式还较原始，没有收集酒竹伤流液的装置。

实用新型内容

针对现有技术存在的问题，本实用新型的目的在于设计提供一种酒竹伤流液采集器及酒竹伤流液采集系统的技术方案。

所述的一种酒竹伤流液采集器，其特征在于包括中空管，所述的中空管头端连接中空自攻螺纹锥形头，所述的中空管尾端连接导管接头，所述的中空管与中空自攻螺纹锥形头的连接部设有密封垫，所述的中空自攻螺纹锥形头上设有一组取液口。

所述的一种酒竹伤流液采集器，其特征在于所述的中空管尾部设有电钻连接部。

所述的一种酒竹伤流液采集器，其特征在于所述的取液口两两对称地设置在中空自攻螺纹锥形头上。

所述的一种酒竹伤流液采集系统，其特征在于包括与酒竹连接的酒竹伤流液采集器、与酒竹伤流液采集器连接的导管及与导管连接的收集容器，所述的酒竹伤流液采集器包括中空管，所述的中空管头端连接中空自攻螺纹锥形头，所述的中空管尾端连接导管接头，所述的中空管与中空自攻螺纹锥形头的连接部设有密封垫，所述的中空自攻螺纹锥形头上设有一组取液口。

所述的一种酒竹伤流液采集系统，其特征在于所述的导管连接转接头，所述的转接头连接收集容器。

所述的一种酒竹伤流液采集系统，其特征在于所述的导管上设有曝气管。

所述的一种酒竹伤流液采集系统，其特征在于所述的中空管尾部设有电钻连接部。

所述的一种酒竹伤流液采集系统，其特征在于所述的取液口两两对称地设置在中空自攻螺纹锥形头上。

上述的一种酒竹伤流液采集器，结构简单，设计合理。中空自攻螺纹锥形头的设置，实现在酒竹实心秆上直接钻孔安装，方便对酒竹伤流液的收集；取液口的设置，实现顺畅地将酒竹伤流液导出；密封垫的设置，实现与酒竹实心秆的紧密贴合，达到密封无污染的效果；电钻连接部的设置，实现快速取液。另外，采用酒竹伤流液采集器可对采集口进行石蜡封口，提高酒竹的成活率，提高伤流液的产量。上述的一种酒竹伤流液采集系统可以实现对酒竹伤流液的自动采集，实现从单丛酒竹的点源采集扩大到大面积栽种的面收集。

附图说明

附图1为本实用新型中酒竹伤流液采集器的结构示意图。

附图2为本实用新型中酒竹伤流液采集系统的结构示意图。

具体实施方式

以下结合说明书附图来进一步说明本实用新型。

实施例1：一种酒竹伤流液采集器

如附图1所示，一种酒竹伤流液采集器包括中空管（203），中空管（203）头端连接中空自攻螺纹锥形头（206），中空管（203）尾端连接导管接头（201）。中空管（203）和中空自攻螺纹锥形头（206）的中空部形成伤流液导路。中空管（203）和中空自攻螺纹锥形头（206）可以为一体成型结构，也可以采用分体连接结构。中空自攻螺纹锥形头（206）表面设有自攻螺纹，助于钻入酒竹实心秆中。中空自攻螺纹锥形头（206）上设有一组取液口（205）。取液口（205）用于取伤流液。作为优选结构，取液口（205）两两对称设置在中空自攻螺纹锥形头（206）上。中空管（203）与中空自攻螺纹锥形头（206）的连接部设有密封垫（204），密封垫（204）实现与酒竹实心秆的紧密贴合，达到密封无污染的效果。中空管（203）尾部设有电钻连接部（202），电钻连接部（202）优选为六角纹，实现其与电钻的连接。

使用时，电钻与电钻连接部（202）连接，使得中空自攻螺纹锥形头（206）钻入酒竹实心秆中，导管接头（201）连接导管后即可收集。

实施例2：一种酒竹伤流液采集系统

如附图1和附图2所述，一种酒竹伤流液采集系统包括与酒竹（1）连接的酒竹伤流液采集器（2）、与酒竹伤流液采集器（2）连接的导管（3）及与导管（3）连接的收集容器（6）。为了便于多株酒竹的收集，导管（3）通过转接头5连接后再连接收集容器（6）。转接头（5）可以为双向接头、三通、四通等。为了使得伤流液收集更流畅，在导管（3）上设有曝气管（4）。

酒竹伤流液采集器（2）具体包括中空管（203），中空管（203）头端连接中空自攻螺纹锥形头（206），中空管（203）尾端连接导管接头（201）。中空管（203）和中空自攻螺纹锥形头（206）的中空部形成伤流液导路。中空管（203）和中空自攻螺纹锥形头（206）可以为一体成型结构，也可以采用分体连接结构。中空自攻螺纹锥形头（206）表面设有自攻螺纹，助于钻入酒竹实心秆中。中空自攻螺纹锥形头（206）上设有一组取液口（205）。取液口（205）用于取伤流液。作为优选结构，取液口（205）两两对称设置在中空自攻螺纹锥形头（206）上。中空管（203）与中空自攻螺纹锥形头（206）的连接部设有密封垫（204），密封垫（204）实现与酒竹实心秆的紧密贴合，达到密封无污染的效果。中空管（203）尾部设有电钻连接部（202），电钻连接部（202）优选为六角纹，实现其与电钻的连接。

以上仅就本实用新型较佳的实施例做了说明，但不能理解为是对权利要求的限制。本实用新型不仅局限于以上实施例，其具体结构允许有变化。凡在本实用新型独立权利要求的保护范围内所做的各种变化均在本实用新型的保护范围内。

说明书附图

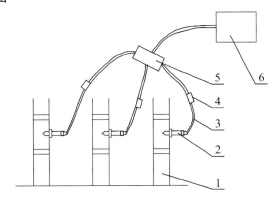

1-酒竹；2-酒竹伤流液采集器；3-导管；4-曝气管；5-转接头；6-收集容器

附图1

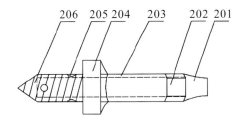

201-导管接头；202-电钻连接部；203-中空管；204-密封垫；205-取液口；206-中空自攻螺纹锥形头

附图2

说明书摘要

一种酒竹伤流液采集器及酒竹伤流液采集系统，属于采集装置技术领域。该酒竹伤流液采集器包括中空管，中空管头端连接中空自攻螺纹锥形头，中空管尾端连接导管接头，中空管与中空自攻螺纹锥形头的连接部设有密封垫，空自攻螺纹锥形头上设有一组取液口。该一种酒竹伤流液采集系统包括与酒竹连接的酒竹伤流液采集器、与酒竹伤流液采集器连接的导管及与导管连接的收集容器。本实用新型可以实现对酒竹伤流液的自动采集，实现从单丛酒竹的点源采集扩大到大面积栽种的面收集。